生态循环农业绿色种养模式与技术

陈云霞　何亚洲　胡立勇　主编

中国农业科学技术出版社

图书在版编目（CIP）数据

生态循环农业绿色种养模式与技术 / 陈云霞，何亚洲，胡立勇主编 .
—北京：中国农业科学技术出版社，2020. 6（2022.1 重印）

ISBN 978-7-5116-4731-3

Ⅰ. ①生…　Ⅱ. ①陈…②何…③胡…　Ⅲ. 生态农业-农业技术-无污染技术　Ⅳ. ①S-0

中国版本图书馆 CIP 数据核字（2020）第 074850 号

责任编辑　白姗姗
责任校对　贾海霞

出 版 者　中国农业科学技术出版社
　　　　　　北京市中关村南大街 12 号　邮编：100081
电　　话　(010)82106638(编辑室)　(010)82109702(发行部)
　　　　　　(010)82109709(读者服务部)
传　　真　(010)82106650
网　　址　http://www.castp.cn
经 销 者　各地新华书店
印 刷 者　北京中科印刷有限公司
开　　本　850mm×1 168mm　1/32
印　　张　6. 375
字　　数　168 千字
版　　次　2020 年 6 月第 1 版　2022 年 1 月第 2 次印刷
定　　价　45. 00 元

#《生态循环农业绿色种养模式与技术》

编委会

前　言

发展绿色生态循环优质高效特色农业，有利于降低生产成本、促进适度规模经营、推进产业融合发展、做大做强农产品品牌，将特色资源优势转化为竞争优势，多层次、多领域提升我国农产品质量效益和竞争力，实现产品质量高、产业效益高、生产效率高、资源利用率高、农民收入高，真正从增产导向转向提质导向。

本书包括生态循环农业模式与技术、粮食作物绿色生态种植技术、蔬菜绿色生态种植技术、果茶绿色生态种植技术、食用菌绿色生态种植技术、中药材绿色生态种植技术、名优水产生态养殖技术、畜禽生态养殖技术等内容。

编　者

2020 年 3 月

目　录

第一章　生态循环农业模式与技术

第一节　立体间套模式

立体套作农业是指在同一土地管理单元上，把栽培作物（如农作物、药用植物和真菌等）和（或）养殖动物在空间上进行合理组合，实现生产与布局的空间集聚和结构整合效应，是充分利用土地资源和耕地资源的有效途径。主要包括以间作套种为内容的精细农业模式、以特色农产品为中心的山水立体开发模式和立体互补型设施农业模式等。

一、以间作套种为内容的精细农业模式

该模式根据稻田、旱地及田埂的土壤、地貌特点，实行不同作物间作、混作和套作，形成农田、旱地复合种植或作物与水产、畜禽复合种养。如稻—萍—鱼、稻—萍—鱼—螺（蛙、鳝、鳅）、稻—萍—鸭等立体种养模式，果—粮、粮—菜、果—菜的间作、混作和套作等形式的多元立体种植模式。

二、以特色农产品为中心的山水立体开发模式

该模式指根据地域特点，实施特色农产品种养，进行立体布局，立体开发，达到农业资源的综合利用。如顶林、腰果、谷农、塘渔立体布局，一塘鱼、一块田、一栏猪、一群鸭立体开发模式，山顶植树、山腰栽果、山谷建库（养鱼）、山下种粮立体开发治理模式，水面牧鸭鹅、水中种莲藕、水底养珍珠和

鱼虾、堤岸栽蔬菜和瓜果的立体农业模式。

三、立体互补型设施农业模式

该模式是20世纪80年代以来出现的新型现代立体农业模式，主要指充分利用温室、大棚等设施光温环境优势，采用一定工程技术措施，按照空间梯次分布立体布局，形成有效组合的优势互补和资源高效利用的立体栽培农业模式。目前该模式主要有菌—菜、果—菜（菇）、菜—菜等。

第二节　林下高效生态绿色种养技术

林下经济是一种高效的林业循环经济，在城乡一体化大政策背景下，有望成为农民增产增收创富的新途径。林下经济在中国经历了漫长的发展过程，其生产形式和理念也随着社会的发展逐渐优化和提高，大致可分为原始农林生产、传统农林生态、农林复合经营和现代林下经济4个阶段。下面介绍几种常见的高效种植模式。

一、林菌模式

林下利用水源充足干净的林地，充分利用它的遮阴、有良好的散射光、湿度良好的环境栽培食用菌。在林下发展食用菌种植不会浪费土地栽培，很好的协调了生态建设和农业发展的矛盾，林地资源为栽培食用菌提供广阔的场地，而且林间的温度和湿度也适宜食用菌的生长。林下栽培食用菌的成本少，种植出的食用菌口感和营养都比大田栽培的要高，能获取更好的收益。

二、林禽模式

在林下放养或者圈养鸡、鸭、鹅等禽类，可以将林间隙充分利用起来，而林间杂草丛生，虫蚁类等昆虫较多，繁衍速度快，禽类可以在林下采食到足够的原生态食物，能节约不少饲料成本。这样养殖出的家禽不仅药食营养价值高，还能为林地除去虫害，维护生态环境，实现林牧和谐发展。

三、林菜模式

可以根据田间的密度、光照以及市场本身的习性来选择合适的蔬菜品种，也可以根据两者的生长季节差异选择适宜的品种。如在冬春季可以林下种植大蒜、葱等，而在夏季可以套作冬瓜、南瓜等瓜果蔬菜。林下种植市场既可熟化土壤，还能带来一定的经济效益。

四、林药模式

林下种植中药材，不仅有效地改善了生态，实现以种养林的良性循环，还给农民带来可观的经济效益。根据林木遮阴效果和药材的喜阴特性，在林间空地上合理种植较为耐阴的金银花、绞股蓝、草珊瑚、铁皮石斛、鸡血藤、小叶紫珠、白芍、金花茶、罗汉果、穿心莲、麦冬等药材。在未郁闭的林内行间种植中草药，如当归、党参、黄芪、柴胡、板蓝根、甘草、防风等，可以实现林地空间的有效利用。

五、林苗模式

林苗模式是指在林下套种较珍稀的绿化苗木。苗木在幼苗阶段都需要较为庇荫的环境。在林下种植苗木可节约生产和管理成本。同时，不间断的水肥供应还能促进上层林分的生长，如利用林下套种南方红豆杉等苗木。

第三节 作物轮作模式

一、作物轮作概述

（一）轮作的概念

轮作是指在同一块田地上，在一定年限内按一定顺序逐年轮换种植不同作物的种植制度。如 1 年 1 熟条件下的大小麦—玉米 3 年轮作，这是在年间进行的单一作物的轮作。在一年多熟条件下，既有年间的轮作，也有年内的换茬，如南方的绿肥—水稻—水稻—油菜—水稻—水稻—小麦—水稻—水稻轮作，这种轮作由不同的复种方式组成，因此，也称为复种轮作。

（二）连作的概念

连作又叫重茬，与轮作相反，是指在同一块地上长期连年种植一种作物或一种复种形式。两年连作称为迎茬。在同一田地上采用同一种复种方式，称为复种连作。

二、特殊轮作的作用与应用

（一）水旱轮作

水旱轮作是指在同一田地上有顺序地轮换种植水稻和旱作物的种植方式。这种轮作对改善稻田的土壤理化性状，提高地力和肥效有特殊的意义。例如，湖北省农业科学院（1979 年）以绿肥—双季稻多年连作为对照，冬季轮种麦、油菜、豆类的双季稻田土壤容重变轻，明显增加土壤非毛管孔隙，改善土壤通气条件，提高氧化还原电位，防止稻田土壤次生潜育化过程，消除土壤中有毒物质（Mn、Fe、H_2S 及盐分等），促进有益微生物活动，从而提高地力和施肥效果。

水旱轮作比一般轮作防治病虫草害效果尤为突出。水田改旱地种棉花，可以抑制枯黄萎病发生。改棉地种水稻，水稻纹枯病大大减轻。

水旱轮作更容易防除杂草。据观察，老稻田改旱地后，一些生长在水田里的杂草，如眼子菜、鸭舌草、瓜皮草、野荸荠、萍类、藻类等，因得不到充足的水分而死去；相反，旱田改种水田后，香附子、马唐、田旋花等旱地杂草，泡在水中则被淹死。

在稻田，特别是在连作稻区，应积极提倡水稻和旱作物的轮换种植，这是实现全面、持续、稳定增产的经济有效措施。

（二）草田轮作

指在田地上轮换种植多年生牧草和大田作物的种植方式，欧美较多，我国甚少，主要分布在西北部分地区。

草田轮作的突出作用是能显著增加土壤有机质和氮素营养。据资料介绍，生长第四年苜蓿每亩*地（0~30cm）可残留根茬有机物 840kg，草木樨可残留 50kg，而豌豆、黑豆仅残留 45kg 左右。苜蓿根部含氮量为 2.03%，大豆为 1.31%，而禾谷类作物不足 1%。可见，多年生牧草具有较强的、丰富的土壤固氮能力。

多年生牧草在其强大根系的作用下，还能显著改善土壤物理性质。

在水土流失地区，多年生牧草可有效地保持水土，在盐碱地区可降低土壤盐分含量。草田轮作有利于农牧结合，增产增收，提高经济效益。该种轮作应在气候比较干旱、地多人少、耕作粗放、土地瘠薄的农区或半农半牧区应用。

（三）轮作与作物布局的关系

作物布局对轮作起着制约作用或决定性作用。作物的种类、

---

* 1 亩≈667m^2，1hm^2=15 亩。全书同

数量及每种作物相应的农田分布，直接决定轮作的类型与方式。旱地作物占优势，以旱地作物轮作为主；水稻和旱作物皆有，则实行水旱轮作；城市、工矿郊区以蔬菜为主，实行蔬菜轮作。一方面，作物种类多，轮作类型相对比较复杂，较易全面发挥轮作的效应；另一方面，作物布局也要考虑轮作与连作的因素。

三、茬口

茬口是作物轮作换茬的基本依据。茬口是作物在轮连作中，给予后作物以种种影响的前茬作物及其茬地的泛称。

（一）茬口特性的形成

茬口特性是指栽培某一作物后的土壤生产性能，是在一定的气候、土壤条件下栽培作物本身的生物学特性及其措施，对土壤共同作用的结果。

（二）茬口顺序与安排

近几年以来，广大农村正由自给和半自给性生产向商品性生产转化，反映在作物种植上受政策和市场价格的影响较大，哪种作物经济效益高就种哪种作物。这种情况造成轮作换茬的灵活性很大，甚至没有一定的轮换顺序与周期。但不管怎样，广大农村的轮作基本上还是遵循轮作倒茬的原则和茬口特性的。在一个地区总有几种比较固定的轮作倒茬方式（包括连作方式），特别是对于一些经济作物更是如此。那么轮作中茬口顺序怎样安排呢？一般原则是：瞻前顾后，统筹安排，前茬为后茬，茬茬为全年，今年为明年。

第四节　废弃物资源化利用模式

农村废弃物资源化利用模式是指农村废弃物（农村垃圾、畜禽粪便、农产品加工废弃物、农作物秸秆和农膜等）经过一定的技术加工处理，变为有用的资源加以再利用。主要包括农产品加工废弃物综合利用模式、秸秆资源化利用模式和畜禽粪便资源化利用模式等。

一、农产品加工废弃物综合利用模式

该模式是指在一个某类加工废弃物较多的地区，建立一个规模较大、技术水平较高的农产品资源化基地，利用某项现代生物工程和高效提取技术，专业从事农产品加工废弃物的综合利用。主要分农产品加工废弃物集中利用模式和农产品加工废弃物就地利用模式。

二、秸秆资源化利用模式

该模式是将农业生产过程中的副产品——农作物秸秆，通过加工处理变为有用的资源加以利用，实现农作物秸秆资源化（肥料化、饲料化、原料化、能源化），消解环境污染和生态破坏，保障农业可持续发展战略实施。

三、畜禽粪便资源化利用模式

该模式就是将畜禽粪便通过一定的技术处理变成资源化（肥料化、饲料化、能源化），在种植、养殖等之间进行循环利用，是农业可持续发展的重要保证。

第五节　生产资料减量化模式

以资源投入最小化为目标，要求在农业生产各环节中，减少不可再生资源的投入量，如农业用水减量化模式、农药化肥减量化模式和农业机械减量化模式等。

一、农业用水减量化模式

该模式是指在农业用水问题上，本着既节约又不能降低灌溉效率的原则，采用喷灌、滴灌和微灌等科学方法，最大限度地减少农业用水。

二、农药化肥减量化模式

该模式是指在农药化肥使用问题上，有意识地减少使用量，转而通过施加有机肥来提高土壤肥力和培育能力，通过使用生物农药和生物天敌来控制病虫害。

三、农业机械减量化模式

该模式是指在保持土壤肥力问题上，减少农业动力机械对土壤的伤害，依靠农业新科技，大力研究具有高效高产特点的农作物种子，达到投入少而不减产的目的。

第六节　绿色防控技术

按照“绿色植保”的理念，采用农业防治、物理防治、生物防治、生态调控以及科学、合理、安全使用农药的技术，达到有效控制农作物病虫害，确保农作物生产安全、农产品质量安全和农业生态环境安全，促进农业增产、增收的目的。

主要包括以下技术。

一是生态调控技术。重点采取推广抗病虫品种、优化作物布局、培育健康种苗、改善水肥管理等健康栽培措施，并结合农田生态工程、果园生草覆盖、作物间套种、天敌诱集带等生物多样性调控与自然天敌保护利用等技术，改造病虫害发生源头及滋生环境，人为增强自然控害能力和作物抗病虫能力。

二是生物防治技术。重点推广应用以虫治虫、以螨治螨、以菌治虫、以菌治菌等生物防治关键措施，加大赤眼蜂、捕食螨、绿僵菌、白僵菌、微孢子虫、苏云金杆菌（Bt）、蜡质芽孢杆菌、枯草芽孢杆菌、核型多角体病毒（NPV）、牧鸡牧鸭、稻鸭共育等成熟产品和技术的示范推广力度，积极开发植物源农药、农用抗生素、植物诱抗剂等生物生化制剂应用技术。

三是理化诱控技术。重点推广昆虫信息素（性引诱剂、聚集素等）、杀虫灯、诱虫板（黄板、蓝板）防治蔬菜、果树和茶树等农作物害虫，积极开发和推广应用植物诱控、食饵诱杀、防虫网阻隔和银灰膜驱避害虫等理化诱控技术。

四是科学用药技术。推广高效、低毒、低残留、环境友好型农药优化集成农药的轮换施用、交替细、精准施用和安全施用等配套技术，加强农药抗药性监测与治理，普及规范施用农药的知识，严格遵守农药安全施用间隔期。通过合理施用农药，最大限度地降低施用农药造成的负面影响。

第二章　粮食作物绿色生态种植技术

第一节　小　麦

一、种子处理

小麦播种前为了促使种子发芽出苗整齐、早发快长以及防治病虫害，还要进行种子处理。种子处理包括播前晒种、药剂拌种和种子包衣等。

1. 播前晒种

晒种一般在播种前2~3天，选晴天晒1~2天。晒种可以促进种子的呼吸作用，提高种皮的通透性，加速种子的生理成熟过程，打破种子的休眠期，提高种子的发芽率和发芽势，消灭种子携带的病菌，使种子出苗整齐。

2. 药剂拌种

药剂拌种是防治病虫害的主要措施之一。生产上常用的小麦拌种剂有50%辛硫磷，使用量为每10kg种子20ml；2%立克锈，使用量为每10kg种子10~20g；15%三唑酮，使用量为每10kg种子20g。可防治地下害虫和小麦病害。

3. 种子包衣

把杀虫剂、杀菌剂、微肥、植物生长调节剂等通过科学配方复配，加入适量溶剂制成糊状，然后利用机械均匀搅拌后涂在种子上，称为包衣。包衣后的种子晾干后即可播种。使用包衣种子省时、省工、成本低、成苗率高，有利于培育壮苗，增产比较显著。一般可直接从市场购买包衣种子。生产规模和用种较大的农场也可自己包衣，可用2.5%适乐时作小麦种子包衣的药剂，使用量为每10kg种子拌药10~20ml。

二、小麦生产的基肥施用技术

小麦基肥施用技术有将基肥撒施于地表面后立即耕翻和将基肥施于垄沟内边施肥边耕翻等方法。对于土壤质地偏黏、保肥性能强、又无灌水条件的麦田，可将全部肥料1次施作基肥，俗称“一炮轰”。具体方法是，把全量的有机肥、2/3氮、磷、钾化肥撒施地表后，立即深耕，耕后将余下的肥料撒到垄头上，再随即耙入土中。对于保肥性能差的沙土或水浇地，可采用重施基肥、巧施追肥的分次施肥方法。即把2/3的氮肥和全部的磷钾肥、有机肥作为基肥，其余氮肥作为追肥。微肥可作基肥，也可拌种。作基肥时，由于用量少，很难撒施均匀，可将其与细土掺和后撒施于地表，随耕入土。用锌、锰肥拌种时，每千克种子用硫酸锌2~6g、硫酸锰0.5~1g，拌种后随即播种。

三、小麦苗期的田间管理

1. 查苗补苗，疏苗补缺，破除板结小麦

齐苗后要及时查苗，如有缺苗断垄，应催芽补种或疏密补缺，出苗前遇雨应及时松土破除板结。

2. 灌冬水

越冬前灌水是北方冬麦区水分管理的重要措施，保护麦苗安全越冬，并为早春小麦生长创造良好的条件。浇水时间在日平均气温稳定在3~4℃时，水分夜冻昼消利于下渗，防止积水结冰，造成窒息死苗，如果土壤含水量高而麦苗弱小可以不浇。

3. 耙压保墒防寒

北方广大丘陵旱地麦田，在小麦入冬停止生长前及时进行耙压覆沟（播种沟），壅土盖蘖保根，结合镇压，以利于安全越冬。水浇地如果地面有裂缝，造成失墒严重时，越冬期间需适时耙压。

4. 返青管理

北方麦区返青时须顶凌耙压，起到保墒与促进麦苗早发稳长的目的。一般已浇越冬水的麦田或土壤墒情好的麦田，不宜浇返青水，待墒情适宜时锄划；缺肥黄苗田可趁春季解冻“返浆”之机开沟追肥；旱年、底墒不足的麦田可浇返青水。

5. 异常苗情的管理

异常苗情，一般指僵苗、小老苗、黄苗、旺苗。僵苗指生长停滞，长期停留在某一个叶龄期，不分蘖，不发根。小老苗指生长出一定数量的叶片和分蘖后，生长缓慢，叶片短小，分蘖同伸关系被破坏。形成以上两种麦苗的原因是：土壤板结，透气不良，土层薄，肥力差或磷、钾养分严重缺乏，可采取疏松表土，破除板结，结合灌水，开沟补施磷、钾肥。对生长过旺麦苗及早镇压，控制水肥，对地力差，由于早播形成的旺苗，要加强管理，防止早衰。因欠墒或缺肥造成的黄苗，酌情补肥水。

四、小麦中期的田间管理

1. 起身期

小麦基部节间开始伸长，麦苗由匍匐转为直立，故称为起身期。起身后生长加速，而此时北方正值早春，是风大、蒸发量大的缺水季节，水分调控显得十分重要。若水分管理适宜可提高分蘖成穗和穗层整齐度，促进3、4、5节伸长，促使腰叶、旗叶与倒二叶的增大，还可提高穗粒数。对群体较小、苗弱的麦田，要适当提早施起身肥、浇起身水，提高成穗率；但对旺苗、群体过大的麦田，要控制肥水，在第 1 节刚露出地面 1cm 时进行镇压，深中耕切断浮根，也可喷洒多效唑或壮丰胺等生长延缓剂，这些措施可以促进分蘖两极分化，改善群体下部透光条件，防止过早封垄而发生倒伏；对一般生长水平的麦田，在起身期浇水施肥，追氮肥施入总量的 1/3～1/2；旱地在麦田起身期要进行中耕除草、防旱保墒。

2. 拔节期

此期结实器官加速分化，茎节加速生长，要因苗管理。在起身期追过水肥的麦田，只要生长正常，拔节水肥可适当偏晚，在第 1 节定长第 2 节伸长的时期进行；对旺苗及壮苗也要推迟拔节水肥；对弱苗及中等麦田，应适时施用拔节肥水，促进弱苗转化；旱地的拔节前后正是小麦红蜘蛛为害高峰期，要及时防治，同时要做好吸浆虫的掏土检查与预防工作。

3. 孕穗期

小麦旗叶抽出后就进入孕穗期，此期是小麦一生叶面积最大、幼穗处于四分体分化、小花向两极分化的需水临界期，又正值温度骤然升高、空气十分干燥，土壤水分处于亏缺期（旱地）。此时水分需求量不仅大，而且要求及时，生产上往往由于延误浇水，造成较明显的减产。因此，旺苗田、高产壮苗田，以及独秆栽培的麦田，要在孕穗前及时浇水。在孕穗期追肥，要因苗而异，起身拔节已追肥的可不施，麦叶发黄、氮素不足及株型矮小的麦田可适量追施氮肥。

五、小麦后期的田间管理

1. 浇好灌浆水

抽穗至成熟耗水量占总耗水量的 1/3 以上，每公顷日耗水量达 $35m^3$ 左右。经测定，在抽穗期，土壤（黏土）含水量为

17.4%的比含水量为15.8%的旗叶光合强度高28.7%。在灌浆期，土壤含水量为18%的比含水量为10%的光合强度高6倍；茎秆含水量降至60%以下时灌浆速度非常缓慢；籽粒含水量降至35%以下时灌浆停止。因此，应在开花后15天左右即灌浆高峰前及时浇好灌浆水，同时注意掌握灌水时间和灌水量，以防倒伏。

2. 叶面喷肥

小麦生长的后期仍需保持一定营养供应水平，延长叶片功能与根系活力。如果脱肥会引起早衰，造成灌浆强度提早下降，后期氮素过多，碳氮比例失调，易贪青晚熟，叶病与蚜虫为害也较严重。对抽穗期叶色转淡，氮、磷、钾供应不足的麦田，用2%~3%尿素溶液，或用0.3%~0.4%磷酸二氢钾溶液，每公顷使用750~900L进行叶面喷施，可增加千粒重。

3. 防治病虫为害

后期白粉病、锈病、蚜虫、黏虫、吸浆虫等都是导致粒重下降的重要因素，应及时进行防治。

第二节　玉　米

一、确定播种期

（一）具体要求

玉米的适宜播种期主要根据玉米的种植制度、温度、墒情和品种来决定。既要充分利用当地的气候资源，又要考虑前后茬作物的相互关系，为后茬作物增产创造较好条件。

（二）操作步骤

春玉米一般在5~10cm地温稳定在10~12℃时即可播种，东北等春播地区可从8℃时开始播种。在无水浇条件的易旱地区，适当晚播可使抽雄前后的需水高峰赶上雨季，避免“卡脖旱”。

夏玉米在前茬收后及早播种，越早越好。套种玉米在留套种行较窄地区，一般在麦收前7~15天套种或更晚些；套种行较宽的地区，可在麦收前30天左右播种。

二、选择种植方式

（一）具体要求

采用适宜的种植方式，提高玉米增产潜能。

（二）操作步骤

1. 等行距种植

种植行距相等，一般为60~70cm，株距随密度而定。其特点是植株抽穗前，叶片、根系分布均匀，能充分利用养分和阳光。播种、定苗、中耕除草和施肥时便于操作，便于实行机械化作业。但在高肥水、高密度条件下，生育后期行间郁蔽，光照条件较差，群体个体矛盾尖锐，影响产量进一步提高。

2. 宽窄行种植

也称为大小垄，行距一宽一窄，宽行为80~90cm，窄行为40~50cm，株距根据密度确定。其特点是植株在田间分布不均匀，生育前期对光能和地力利用较差，但能调节玉米后期个体与群体间的矛盾。在高密度、高肥水的条件下，由于大行加宽，有利于中后期通风透光，使“棒三叶”处于良好的光照条件之下，有利于干物质积累，产量较高。但在密度小、光照矛盾不突出的条件下，大小垄就无明显的增产效果，有时反而减产。

3. 密植通透栽培模式

玉米密植通透栽培技术是应用优质、高产、抗逆、耐密优良品种，采用大垄宽窄行、比空、间作等种植方式，良种、良法结合，通过改善田间通风、透光条件，发挥边际效应，增加种植密度，提高玉米品质和产量的技术体系。通过耐密品种的应用，改变种植方式等，实现种植密度比原有栽培方式增加10%~15%，提高光能利用率。

三、确定播种量

（一）具体要求

根据种子的具体情况和选用的播种方式确定播种量。

（二）操作步骤

种子粒大、种子发芽率低、密度大，条播时播种量宜大些；反之，播种量宜小些。一般条播播种量为45~60kg/hm^2，点播播种量为30~45kg/hm^2。

四、种肥施用

（一）具体要求

种肥主要满足幼苗对养分的需要，保证幼苗健壮生长。在未施基肥或地力差时，种肥的增产作用更大。硝态氮肥和铵态氮肥容易为玉米根系吸收，并被土壤胶体吸附，适量的铵态氮对玉米无害。在玉米播种时配合施用磷肥和钾肥有明显的增产效果。

（二）操作步骤

种肥施用数量应根据土壤肥力、基肥用量而定。种肥宜穴施或条施，施用的化肥应通过土壤混合等措施与种子隔离，以免烧种。

（三）注意事项

磷酸二铵作种肥比较安全；碳酸氢铵、尿素作种肥时，要与种子保持10cm以上距离。

五、确定播种深度

（一）具体要求

玉米播深适宜且深浅一致。

（二）操作步骤

一般播深要求 4~6cm。土质黏重、墒情好时，可适当浅些；反之，可深些。玉米虽然耐深播，但最好不要超出 10cm。

六、播后镇压

（一）具体要求

玉米播后要进行镇压，使种子与土壤密切接触，以利于种子吸水出苗。

（二）操作步骤

用石头、重木或铁制的磙子于播种后进行。

（三）注意事项

镇压要根据墒情而定，墒情一般时，播后可及时镇压；土壤湿度大时，待表土干后再进行镇压，以免造成土壤板结，影响出苗。

七、苗期田间管理

玉米田间管理是根据玉米生长发育规律，针对各个生育时期的特点，通过灌水、施肥、中耕、培土、防治病虫草害等，对玉米进行适当的促控，调整个体与群体、营养生长与生殖生长的矛盾，保证玉米健壮生长发育，从而达到高产、优质、高效的目标。

这一时期的主攻目标是培育壮苗，为穗期生长发育打好基础。

（一）查苗补苗

1. 具体要求

玉米出苗以后要及时查苗，发现苗数不足要及时补苗。

2. 操作步骤

补苗的方法主要有两种，一是催芽补种，即提前浸种催芽、适时补种，补种时可视情况选用早熟品种；二是移苗补栽，在播种时行间多播一些预备苗，如缺苗时移苗补栽。移栽苗龄以2~4 叶期为宜，最好比一般大苗多 1~2 叶。

3. 相关知识

当玉米展开 3~4 片真叶时，在上胚轴地下茎节处，长出第1 层次生根。4 叶期后补苗伤根过多，不利于幼苗存活和尽快缓苗。

4. 注意事项

补栽宜在傍晚或阴天带土移栽，栽后浇水，以提高成活率。移栽苗要加强管理，以促苗齐壮，否则形成弱苗，影响产量。

（二）适时间苗、定苗

1. 具体要求

选留壮苗、大苗，去掉虫咬苗、病苗和弱苗。在同等情况下，选留叶片方向与垄的方向垂直的苗，以利于通风透光。

2. 操作步骤

春玉米一般在 3 叶期间苗，4~5 叶期定苗。夏玉米生长较快，可在 3~4 叶期 1 次完成定苗。

3. 相关知识

适时间苗、定苗，可避免幼苗相互拥挤和遮光，并减少幼苗对水分和养分的竞争，使苗匀、苗齐、苗壮。间苗过晚易形成“高脚苗”。

4. 注意事项

在春旱严重、虫害较重的地区，间苗可适当晚些。

（三）肥水管理

1. 具体要求

根据幼苗的长势，进行合理的肥料和水分管理。

2. 操作步骤

套种玉米、板茬播种而未施种肥的夏玉米于定苗后及时追施“提苗肥”。

3. 相关知识

玉米苗期对养分需要量少，在基肥和种肥充足、幼苗长势良好的情况下，苗期一般不再追肥。但对于套种玉米、板茬播种而未施种肥的夏玉米，应在定苗后及时追施“提苗肥”，以利于幼苗健壮生长。对于弱小苗和补种苗，应增施肥水，以保证拔节前达到生长整齐一致。正常年份玉米苗期一般不进行灌水。

（四）蹲苗促壮

1. 具体要求

苗期不施肥、不灌水、多中耕。

2. 操作步骤

蹲苗应掌握“蹲黑不蹲黄，蹲肥不蹲瘦，蹲湿不蹲干”的原则，即苗色黑绿、长势旺、地力肥、墒情好的宜蹲苗；地力薄、墒情差、幼苗黄瘦的不宜蹲苗。

（五）中耕除草

1. 具体要求

苗期中耕一般可进行 2~3 次。

2. 操作步骤

第 1 次宜浅，掌握 3~5cm，以松土为主；第 2 次在拔节前，可深至10cm，并且要做到行间深、苗旁浅。

八、穗期田间管理

这一时期的主攻目标是促进植株生长健壮和穗分化正常进行，为优质高产打好基础。

（一）追肥

1. 具体要求

在玉米穗期进行2次追肥，以促进雌雄穗的分化和形成，争取穗大粒多。

2. 操作步骤

（1）攻秆肥。指拔节前后的追肥，其作用是保证玉米健壮生长、秆壮叶茂，促进雌雄穗的分化和形成。

攻秆肥的施用要因地、因苗灵活掌握。地力肥沃、基肥足，应控制攻秆肥的数量，宜少施、晚施甚至不施，以免引起茎叶徒长；在地力差、底肥少、幼苗生长瘦弱的情况下，要适当多施、早施。攻秆肥应以速效性氮肥为主，但在施磷、钾肥有效的土壤上，可酌量追施一些磷、钾肥。

（2）攻穗肥。指抽雄前10~15天即大喇叭口期的追肥。此时正处于雌穗小穗、小花分化期，营养体生长速度最快，需肥需水最多，是决定果穗籽粒数多少的关键时期。所以这时重施攻穗肥，肥水齐攻，既能满足穗分化的肥水需要，又能提高中上部叶片的光合生产率，使运输到果穗的有机养分增多，促使粒多粒饱。

穗期追肥应在行侧适当距离深施，并及时覆土。一般攻秆肥、攻穗肥分别施在距植株10~15cm、15~20cm处较好。追肥深度以8~10cm较好，以提高肥料利用率。

3. 注意事项

两次追肥数量的多少，与地力、底肥、苗情、密度等有关，应视具体情况灵活掌握。春玉米一般基肥充足，应掌握“前轻后重”的原则，即轻施攻秆肥、重施攻穗肥，追肥量分别占30%~40%、60%~70%。套种玉米及中产水平的夏玉米，应掌握“前重后轻”的原则，2次追肥数量分别约占60%、40%。高产水平的夏玉米，由于地力壮，密度较大，幼苗生长健壮，则应掌握前轻后重的原则。

（二）灌水

1. 具体要求

玉米穗期气温高，植株生长迅速，需水量大，要求及时供应水分。

2. 操作步骤

一般结合追施攻秆肥浇拔节水，使土壤含水量保持在田间持水量的70%左右。大喇叭口期是玉米一生中的需水临界期，缺水会造成雌穗小花退化和雄穗花粉败育，严重干旱则会造成“卡脖旱”，使雌雄开花间隔时间延长，甚至抽不出雄穗，降低结实率。所以此期遇旱一定要浇水，使土壤含水量保持在田间持水量的70%~80%。

玉米耐涝性差，当土壤水分超过田间持水量的80%时，土壤通气状况和根系生长均会受到不良影响。如田间积水又未及时排出，会使植株变黄，甚至烂根青枯死亡，所以遇涝应及时排水。

（三）中耕培土

1. 具体要求

拔节后及时进行中耕，可疏松土壤、促根壮秆、清除杂草。

2. 操作步骤

穗期中耕一般进行2次，深度以2~3cm为宜，以免伤根。到大喇叭口期结合施肥进行培土，培土不宜过早，高度以6~10cm为宜。

3. 注意事项

培土可促进根系大量生长，防止倒伏并利于排灌。在干旱年份、干旱地区或无灌溉条件的丘陵地区不宜培土。多雨年份，地下水位高的地区培土的增产效果明显。

（四）除蘖

1. 具体要求

当田间大部分分蘖长出后及时将其除去，一般进行 2 次。

2. 操作步骤

于拔节后及时除去分蘖。

3. 相关知识

玉米拔节前，茎秆基部可以长出分蘖，但分蘖量少，玉米分蘖的形成既与品种特性有关，也和环境条件有密切的关系。一般当土壤肥沃、水肥充足、稀植早播时，其分蘖多，生长亦快。由于分蘖比主茎形成晚，不结穗或结穗小，晚熟，并且与主茎争夺养分和水分，应及时除掉，否则会影响主茎的生长与发育。

4. 注意事项

饲用玉米多具有分蘖结实特性，应保留分蘖，以提高饲料产量和籽粒产量。

九、花粒期田间管理

花粒期的主攻目标是：促进籽粒灌浆成熟，使其粒多、粒重。

（一）巧施攻粒肥

1. 具体要求

根据田间长势施好攻粒肥。

2. 操作步骤

在穗期追肥较早或数量少，植株叶色较淡，有脱肥现象，甚至中下部叶片发黄时，应及时补施氮素化肥。

3. 注意事项

攻粒肥宜少施、早施，施肥量为总追肥量的10%~15%，时间不应晚于吐丝期。如土壤肥沃，穗期追肥较多，玉米长势正常，无脱肥现象，则不需要再施攻粒肥。

（二）浇灌浆水

1. 具体要求

通过浇灌浆水，促进籽粒灌浆。

2. 操作步骤

抽穗到乳熟期需水很多，适宜的土壤水分可延长叶片功能期，防止早衰，促进籽粒形成和灌浆，干旱时应进行浇水，以增粒、增重。田间积水时应及时排水。

（三）去雄

1. 具体要求

在玉米雄穗刚刚抽出能用手握住时，进行去雄。

2. 操作步骤

采取隔行或隔株去雄的方法。去雄时，一手握住植株，另一手握住雄穗顶端往上拔，要尽量不伤叶片不折秆。同一地块，当雄穗抽出1/3时，即可开始去雄，待大部分雄穗已经抽出时，再去1次或2次。

第三节　水　稻

一、种子的选用

如果种子贮藏年久，尤其在湿度大、气温高条件下贮藏，具有生命力的胚芽部容易衰老变性，种子细胞原生质胶体失常，发芽时细胞分裂发生障碍导致畸形，同时稻种内影响发根的谷氨酸脱羧酶失去活性，容易丧失发芽力。在常温下，贮种时间越长、条件越差、发芽能力降低越快。因此，最好用头年收获的种子。常温下水稻种子寿命只有2年。含水率13%以下，贮藏温度在0℃以下，可以延长种子寿命，但种子的成本会大大提高。因此，常规稻一般不用隔年种子。只有生产技术复杂、种子成本高的杂交稻种，才用陈种。

二、消毒

催芽前的种子进行消毒是防止水稻苗期病害的最主要方法。按照消毒药的种类不同可分为浸种消毒、拌种消毒和包衣消毒，因此应根据消毒药的要求进行消毒。现在农村普遍使用的消毒药以浸种消毒为多，这种药的特点是种子和药放到一起一浸到底，很省事。但浸种过程中，应每天把种子上下翻动1次，否则消毒水的上下药量不均，上半部的稻种因药量少，造成消毒效果差。

三、苗期管理

（一）温度管理

出苗至2.5叶前，棚内温度控制在30℃以下；秧苗长到2.5叶后，开始棚内温度控制在25℃以下。

水稻的生长过程中，一般高温长叶，低温长根。因此在温度管理上应坚持促根生长的措施，严格控制温度。据观察育苗期间，晴天气温与棚内温度处于加倍的关系（如气温15℃时，棚内温度就可能达到30℃以上），所以可以利用这个规律，当天的气温15℃以上时，就应进行小口通风，随温度的升高逐步扩大通风口。

（二）水分管理

育苗过程中水分管理是最重要的技术，每次浇水少而过勤就影响苗床的温度，而且容易造成秧苗徒长，影响根系发育，所以育苗期间尽可能少浇水。浇水的标准是早晨太阳出来前，如果稻叶尖上有大的水珠（这个水珠不是露水珠，而是水稻自身生理作用吐出来的水）时，不应浇水，没有这个水珠就应当利用早晚时间浇 1 次透水。但是抛秧盘育苗的浇水，大通风开始后，一般很难参考这个标准，应根据实际情况浇水。

第四节　大　豆

一、整地与施肥

整地时要打破犁底层，如果没有打破犁底，一定要进行秋深松。将地块平耙细作后，施基肥。施基肥非常重要，可以促进幼苗的生长和幼茎的木质化。基肥可以使用三元复混肥，也可以用优质的腐熟有机肥，用量为 600kg/hm^2 三元复混肥，或腐熟有机肥 20~30t/hm^2。

二、播种

1. 播种时间

一般当白天平均气温稳定通过 7~8℃ 即可进行播种，一般在 5 月 1—15 日播种。

2. 播种方式

选用大豆“垄三”栽培法，双行间小行距 10~12cm；采用穴播机在垄上等距穴播空距 18~20cm，每穴 3~4 株。

3. 密度

密度根据土壤状况合理密植。一般土壤肥力较高的地块，每公顷可留苗 20 万~30 万株；土壤肥力不高、比较干旱的地块，每公顷可留苗 28 万~35 万株。出苗后及时查苗、补苗，三叶期间苗，五叶期定苗。

三、中耕

1. 三铲三趟

在大豆苗刚刚拱土时在垄沟间深松，然后在第1片复叶出来前进行中耕除草即第1次铲趟，目的是锄净苗眼草，疏松表土，同时注意不能伤苗。第2次铲趟在苗高10cm时进行，用大铧趟成张口垄，目的是除草、培土，同时也要注意不能伤苗。第3次铲趟在第2次铲趟后10天左右进行，主要目的是深松培土，要做到三铲三趟。

2. 合理施肥

大豆初花期为营养与生殖生长同时并进，此时植株根系的根瘤菌释放的氮素不能满足其生长需要，追施氮素可促进花的发育和幼荚生长。一般趁雨亩施尿素5~7kg，植株生长过旺可酌情减量或不施尿素。进入结荚期可用0.05%~0.1%的钼酸铵溶液或用2%的过磷酸钙溶液每亩用量50kg叶面喷施，溶液内可加入磷酸二氢钾150g和尿素100g一同喷施，每隔7天1次，连续3次，增产显著。

3. 矮化壮秆

大豆如果在生长发育期间，出现倒伏的倾向时，可以通过喷施生长调节剂的方式使大豆植株矮化，从而达到壮秆的目的。生长调节剂可以选择多效唑、矮壮素或缩节胺等矮化壮秆剂。化学除草要尽量早，可以在播前进行土壤处理，即在春季整地后播种前5~7天对土壤喷施除草剂，要喷匀，另外在喷后应该耙地1次，使其混匀进土壤，最好深度能够达到7~10cm。如果土壤墒情不够理想，则不能在播前进行处理，以免影响播期。如果播前没有喷施除草剂，则要在播后进行，最好在出苗前墒情好的时间，喷施除草剂。如果出苗前没有合适机会喷洒除草剂，则可以在苗期喷洒，注意药量。如果在大豆生长前期，田间杂草较多时，则应该在墒情较好的情况下喷施除草剂。

4. 水分管理

大豆整个生长时期的需水量差异较大，从播种到出苗期间不能缺水，以免造成不出苗。从出苗到分枝，此时是大豆扎根蹲苗的关键期，要控制水分过多，如果不干旱，不用浇水，以免影响蹲苗，造成茎秆细弱，不抗倒伏。分枝至开花，此期是营养生长与生殖生长同时进行的阶段，大豆对水分的需求量增加，因此，应该增加供水量。开花至鼓粒阶段，是大豆需水量最大的时期，约占整个生育期的45%，该时期是决定大豆产量的关键期，这一时期如果缺水，会造成瘪粒，直接影响产量。另外，在东北地区，在大豆鼓粒期一般降水较少，如果在此期能够灌水，对大豆的产量会有显著的促进作用。

第五节 谷 子

一、精细整地

（一）秋季整地

秋收后封冻前灭茬耕翻，秋季深耕可以熟化土壤，改良土壤结构，增强保水能力；加深耕层，利于谷子根系下扎，扩大根系数量和吸收范围，增强根系吸收肥水能力，使植株生长健壮，从而提高产量。耕翻深度20~25cm，要求深浅一致、不漏耕。结合秋深耕最好1次施入基肥。耕翻后及时耙耢保墒，减少土壤水分散失。

（二）春季整地

春季土壤解冻前进行“三九”滚地，当地表土壤昼夜化冻时，要顶浆耕翻，并做到翻、耙、压等作业环节紧密结合，消灭坷垃，碎土保墒，使耕层土壤达到疏松、上平下碎的状态。

二、合理施肥

增施有机肥可以改良土壤结构，培肥地力，进而提高谷子产量。有机肥作基肥，应在上年秋深耕时一次性施入，有机肥施用量一般为 15 000~30 000kg/hm^2，并混施过磷酸钙 600~750kg/hm^2。以有机肥为主，做到化肥与有机肥配合施用，有机氮与无机氮之比以 1∶1 为宜。

基肥以施用农家肥为主时，高产田以 7.5 万~11.2 万 kg/hm^2 为宜，中产田 2.2 万~6.0 万 kg/hm^2。如将磷肥与农家肥混合沤制作基肥效果最好。

种肥在谷子生产中已作为一项重要的增产措施而广泛使用。氮肥作种肥，一般可增产 10%左右，但用量不宜过多。以硫酸铵作种肥时，用量以 37.5kg/hm^2 为宜，尿素以 11.3~15.0kg/hm^2 为宜。此外，农家肥和磷肥作种肥也有增产效果。

追肥增产作用最大的时期是抽穗前 15~20 天的孕穗阶段，一般以纯氮 75kg/hm^2 左右为宜。氮肥较多时，分别在拔节始期追施“坐胎肥”，孕穗期追施“攻粒肥”。最迟在抽穗前 10 天施入，以免贪青晚熟。在谷子生育后期，叶面喷施磷肥和微量元素肥料，也可以促进开花结实和籽粒灌浆。

三、田间管理

（一）保全苗

播前做好整地保墒，播后适时镇压增加土壤表层含水量，有利于种子发芽和出苗。发现缺苗断垄可补种或移栽，一般在出苗后 2~3 片叶时进行查苗补种。以 3~4 片叶时为间苗适期，通过间苗，去除病、弱和拥挤丛生苗。早间苗防苗荒，利于培育壮苗，根系发达，植株健壮，是后期壮株、大穗的基础，是谷子增产的重要措施，一般可增产 10%以上。谷子 6~7 片叶时结合留苗密度进行定苗，留 1

茬拐子苗（三角形留苗），定苗时要拔除弱苗和枯心苗。

（二）蹲苗促壮

谷苗呈猫耳状时，在中午前后用磙子顺垄压 2~3 遍，有提墒防旱壮苗的作用。在肥水条件好、幼苗生长旺的田块，应及时进行蹲苗。蹲苗的方法主要在 2~3 片叶时镇压、控制肥水及多次深中耕等，实现控上促下，培育壮苗。一般幼穗分化开始，蹲苗应该结束。

（三）中耕除草

谷子的中耕管理大多在幼苗期、拔节期和孕穗期进行，一般进行 3 次。第 1 次中耕在苗期结合间定苗进行，兼有松土和除草双重作用。中耕掌握浅锄、细碎土块、清除杂草的技术。进行第 2 次中耕在拔节期（11~13 片叶）进行，此次中耕前应进行 1 次清垄，将垄眼上的杂草、谷莠子、杂株、残株、病株、虫株、弱小株及过多的分蘖，彻底拔出。有灌溉条件的地方应结合追肥灌水进行，中耕要深，一般深度要求 7~10cm，同时进行少量培土。第 3 次中耕在孕穗期（封行前）进行，中耕深度一般以 4~5cm 为宜，结合追肥灌水进行。这次中耕除松土、清除草和病苗弱苗外，同时进行高培土，以促进植株基部茎气生根的发生，防止倒伏。

中耕要做到“头遍浅，二遍深，三遍不伤根”。

（四）灌溉排水

谷子一生对水分需求可概括为苗期宜旱、需水较少，中期喜湿需水量较大，后期需水相对减少但怕旱。

谷子苗期除特殊干旱外，一般不宜浇水。

谷子拔节至抽穗期是一生中需水量最大、最迫切的时期。需水量为 244.3mm，占总需水量的 54.9%。该阶段干旱可浇 1 次水，保证抽穗整齐，防止“胎里旱”和“卡脖旱”，而造成谷穗变小，形成“秃尖瞎码”。

谷子灌浆期处于生殖生长期，植株体内养分向籽粒运转，仍然需要充足的水分供应，需水量为112.9mm，占总需水量的25.4%。灌浆期如遇干旱，即“秋吊”，浇水可防止早衰，但应进行轻浇或隔行浇，不要淹漫灌，低温时不浇，以免降低地温，影响灌浆成熟。风天不浇，防止倒伏。

灌浆期雨涝或大水淹灌，要防止田间积水，应及时排除积水，改善土壤通气条件，促进灌浆成熟。

第六节　高　粱

一、选地

高粱具有抗旱、耐涝、耐盐碱、耐瘠薄、适应性广等特点，对土壤的要求不太严格，在沙土、壤土、沙壤土、黑钙土上均能良好生长。但是，为了获得产量高、品质好的种子，高粱种子种植田应设在最好田块上，要求地势平坦，阳光充足，土壤肥沃，杂草少，排水良好，有灌溉条件。

二、选茬

轮作倒茬是高粱增产的主要措施之一。高粱种植忌连作，连作一是造成严重减产，二是病虫害发生严重。高粱植株生长高大，根系发达，入土深，吸肥力强，一生从土壤中吸收大量的水分和养分，因此合理的轮作方式是高粱增产的关键，最好前茬是豆科作物。一般轮作方式为：大豆—高粱—玉米—小麦或玉米—高粱—小麦—大豆。

三、整地

为保证高粱全苗、壮苗，在播种前必须在秋季前茬作物收获后抓紧进行整地作垄，以利于蓄水保墒，延长土壤熟化时间，达到春墒秋保、春苗秋抓的目的。结合施有机肥，耕翻、耙压，要求耕翻深度在20~25cm，有利于根深叶茂，植株健壮，获得高产。在秋翻整地后必须进行秋起垄，垄距以55~60cm为宜。早春化冻后，及时进行1次耙、压、耢相结合的保墒措施。

四、间苗定苗

高粱出苗后展开3~4片叶时进行间苗，5~6片叶时定苗。间苗时间早可以避免幼苗互相争养分和水分，减少地方消耗，有利于培育壮苗；间苗时间过晚，苗大根多，容易伤根或拔断苗。低洼地、盐碱地和地下害虫严重的地块，可采取早间苗、晚定苗的办法，以免造成缺苗。

五、中耕除草

分人工除草和化学除草。高粱在苗期一般进行2次铲趟。第1次可在出苗后结合定苗时进行，浅铲细铲，深趟至犁底层不带土，以免压苗，并使垄沟内土层疏松；在拔节前进行第2次中耕，此时根尚未伸出行间，可以进行深铲，松土，趟地可少量带土，做到压草不压苗；拔节到抽穗阶段，可结合追肥、灌水进行1~2次中耕。

化学除草要在播后3天进行，用莠去津3.0~3.5kg/hm^2对水400~500kg/hm^2喷施，如果天气干旱，要在喷药2天内喷1次清水，同时喷湿地面提高灭草功能；当苗高3cm时喷2,4-滴丁酯0.75kg/hm^2，具体除草剂用量和方法可参照药剂说明使用，但只能用在阔叶杂草草害严重的地块，对于针叶草应进行人工除。经除草、培土，可防止植株倒伏，促进根系的形成。

六、追肥

高粱拔节以后，由于营养器官与生殖器官旺盛生长，植株吸收的养分数量急剧增加，是整个生育期间吸肥量最多的时期，其中幼穗分化前期吸收的量多而快。因此，改善拔节期营养状况十分重要。一般结合最后一次中耕进行追肥封垄，每公顷追施尿素200kg，覆土要严实，防止肥料流失。在追肥数量有限时，应重点放在拔节期1次施入。在生育期长，或后期易脱肥的地块，应分两次追肥，并掌握前重后轻的原则。

七、灌溉与排涝

高粱苗期需水量少，一般适当干旱有利于蹲苗，除长期干旱外一般不需要灌水。拔节期需水量迅速增多，当土壤湿度低于田间持水量的75%时，应及时灌溉。孕穗、抽穗期是高粱需水最敏感的时期，如遇干旱应及时灌溉，以免造成“卡脖旱”影响幼穗发育。

高粱虽然有耐涝的特点，但长期受涝会影响其正常生育，容易引起根系腐烂，茎叶早衰。因此在低洼易涝地区，必须做好排水防涝工作，以保证高产稳产。

第七节　甘　薯

一、地块选择

（1）具有一定的耕层深度，也就是有一定的活土层。一般要求耕层深度以25~30cm为宜。耕层深厚有利于涵蕴并为甘薯根系提供充足的水分、养分和空气等生长条件。

（2）耕层土壤疏松。土层疏松有利于根系氧气充足，维持植株呼吸与同化光合作用的平衡，植株健壮是形成高产的关键。同时提高对钾元素的吸收能力，使钾、氮比较高，有利于养分向块根的转运。

（3）土壤肥力适度。肥力过低，甘薯会出现养分缺乏植株生长不健的现象；肥力过高，特别是氮肥供给过量，元素间不平衡，会出现地上部分旺长而地下经济产量过低的现象。

二、整地做垄

甘薯地块选择好后要科学合理整地做垄。在增施有机肥、培肥改土、黏土掺沙、沙地掺土、深翻耕层的基础上，进一步做好垄，也是实现甘薯增产的关键。

（1）小垄单行。多在地势高、沙质土、土层厚、易干旱、水肥条件较差的地方应用。垄距60cm，垄高20～30cm，每垄栽种1行。

（2）大垄双行。一般垄距90～100cm，垄高30～40cm，每垄交错栽苗2行，株距25～30cm。在水肥条件较好、土质较疏松的地方，有一定优越性。

三、田间管理

（一）查苗补缺

脱毒薯苗质量总有差别，人工操作更不可能做到规格完全一样，因此不可避免地出现小苗和缺株现象。一般栽后2～3天就应随查随补。

（二）中耕

中耕一般在生长前期进行，第一次中耕时要结合培土，使栽插时下塌的垄土复原。封垄前耕2遍。

（三）控制徒长

由于脱毒薯生长旺盛，分枝多而壮，容易徒长。所以，化学控制徒长，是一项行之有效的增产措施。用15%多效唑80g/亩，对水40kg，在团棵期和封垄期各喷1次，完全可以控制茎叶徒长。

四、收获与贮藏

（一）甘薯收获

一般正常收获期应在 9 月下旬至 10 月初。留种用甘薯应在 10 月 1 日前收获。甘薯收刨时要做到“三轻”（轻刨、轻运、轻入窖）和“五防”（防霜冻、防雨淋、防过夜、防碰伤、防病害）。

（二）甘薯贮藏的温度控制

薯块入窖时要不带病、无碰伤、不受冻、不受淹。保持适宜的窖温是贮藏好甘薯的关键。刚入窖时，有加温设备的可采用高温处理，防止黑斑病及软腐病的为害。

高温处理分 3 个阶段，在升温阶段，从烧火加温到薯堆温度达到 35℃需 1~2 天。加温要猛，温度上升要快，待气温上升到 36℃时停火，使温度逐渐达到上下一致，最后使温度稳定在 35~37℃。第 2 段为保温阶段，使 35~37℃的温度保持 4 昼夜。第 3 个阶段为降温阶段，当高温保持 4 昼夜后，应打开全部门窗散热，降温要快，1~2 天以内窖温降至 15℃左右，以后即进入常温管理。适宜温度应保持在 11~13℃，最低不能低于 9℃，最高不应超过 15℃。

（三）甘薯贮藏的湿度控制

湿度与细菌繁殖和保持薯块品质有直接关系。湿度大，病菌繁殖快，病害蔓延迅速；湿度小，薯块水分丧失过多，影响薯块品质及发芽能力。贮藏期适宜的相对湿度应在 85%~90%。

第八节　花　生

一、建立留种地与精细选种

有计划地建立留种地，巩固及提高育种的优良性状，防止种子混杂，克服不留种的习惯。花生播种量大，为了节省劳动力，更有建立留种地的必要。留种地最好选择排水良好、向阳背风且有灌溉条件的地块；连作地块易生病，尽可能不要选用。

在播种前进行发芽试验，鉴别出优良种子；其次进行浸种催芽，使花生出苗快而整齐，特别是浸种催芽后的种子抗寒能力较强，不易烂种，能达到苗全苗旺的目的。催芽时要格外注意，避免触伤种皮引起病菌侵袭和妨碍发芽。浸种法还可以辨别种子优劣，如当芽的尖端开始萌动，种皮表面呈现干燥状态的种子较优；种皮不干，颜色发暗的种子较劣。有些地区播种时往往天气干旱，在水利条件未解决前，不要勉强进行浸种。

在生育期间，精细管理，收获后选出结果多、生长整齐、性状一致的健壮植株，充分晒干后再进行选果，选择籽实饱满、色泽鲜明的种子，并注意保管，防止霉烂、鼠咬和虫蛀。同时要做到花生苗全、苗旺，除去采用优良的品种外，播种前还要进行精心选种，把病粒、秕粒、破瓣粒等清选出去，选择粒大、饱满、整齐、色泽好的种子留作备用，这样的种子不但发芽率和发芽势较强，出苗整齐，而且幼苗生长快而健壮，增强了抵抗不良环境的能力。

二、改良土壤与精细整地

有的地方因限于土质，又必须重茬，改良土壤、增加地力水平对花生增产就显得尤为重要。一方面，增加新土，补充原土层中缺乏的养料；另一方面，在土层很薄的山地加厚土层，可增加土壤保水、保肥的能力，根据不同地方的气候条件，抓紧深耕细耙，疏松土壤，保墒防旱，培养地力，对花生增产有很大作用。

深耕不仅能改良土壤结构，增加保水能力，加强土壤微生物作用，使土壤中的养分加速分解，便于作物吸收，促进作物正常生长发育，而且能将杂草种子和根茎害虫的卵深埋土中，或翻到表土来消灭，并可改良土壤理化性质，增强地力。如果当地冬季常有大风，水分容易蒸发，秋耕后应及时耙耱1次，以消除土块，便于保墒。未进行秋耕的地块，开冻后应立即春耕，并要随耕随耙，防止土壤水分蒸发。

三、适期播种

掌握花生的适宜播期，有利于增产。花生的播种适期应根据各地气候和栽培条件而定，北方气候较为寒冷，实行单作，立夏前后为适宜播期；南方气候暖和，实行春播的，可在清明前播种。播种深度视土壤水分、种粒大小等情况而定，一般播种过深，幼苗出土慢，生长弱，土壤湿易烂种；播种浅，子叶暴露外面，容易被鸟啄食，如果遇到干旱，种子发芽慢，甚至丧失了活力，会严重影响其产量。花生根瘤菌是生长在花生根部的一种微生物，具备较强的固氮能力，能利用空气中的氮气，形成氮素肥料。花生根部根瘤多时，花生生长旺盛，多结果实，并对土壤有一定的改良作用。因此，用根瘤菌剂进行拌种，能有效提高种植产量。适当增加花生的播种密度是增产花生的有效方法之一，根据河南、江苏、山东、河北、辽宁等地的种植经验，花生播种应肥地宜稀、瘠地宜密。各地应根据土质、气候、品种类型的不同，在适当增加播种量的基础上，缩小行距、穴距，增加行数、穴数，并减少每穴粒数，做到均匀播种，同时根据当地的自然条件和群众的耕作习惯进行播种。

四、提倡轮作与套作

花生与粮食作物轮作、套作都是使粮食和油料作物皆能增产的好方法。花生连作病虫害多，但与其他作物轮作，如谷子、玉米、高粱，不仅可以避免其病害，同时还能增加产量。同时，花生有固氮作用，可以增进土壤的肥沃度，对其轮作后作物的生长也非常有利。因此，在不影响花生播种面积的前提下，应提倡与粮食作物轮作，使其增产。如广西、广东、福建等地实行花生与旱稻、玉米、甘蔗等间作，除增加产量外，还有防旱防涝的互利作用。

五、肥水管理

经过各地近年来的试验，花生增施肥料，特别是有机肥料掺入磷、钾肥作为基肥，增产效果显著。由于有机肥掺入磷、钾肥肥效长，能供给花生各个生育阶段需要的养分，同时有机肥可改良土壤，氮素与适当的磷、钾肥配合可提高花生质量，增加产量。基肥施用量视土壤肥力情况而定，在节省肥料的情况下，可采用沟施、穴施等集中施肥的办法，这样施肥离根部近，能充分发挥肥效。肥料施用后最好覆盖 1 层细土，以避免与种子接触，减少种子霉变或发芽不齐。花生在开花结荚时需肥较多，及时追肥对产量的影响较大，可以在植株旁挖穴，撒入肥料，再进行中耕培土，以利于花生根系的吸收，防止肥料流失。花生喜生长在排水良好的土壤中，生育期间如果土壤过湿，特别是有积水时，茎叶易变黄枯萎，妨碍发育，南方雨水较多和北方有些排水不好的地方，要做好沟渠，以利于排水。

六、精细收获与储藏

当花生茎叶逐渐黄萎且下部开始落叶时，即可进行收获。花生荚果在 12℃ 以下停止生长，故不必收获过晚，以免遭受霜冻，降低品质。果实储藏的地方应阴凉、干燥，避免阳光照射，并在储藏期间经常进行检查，做好清洁及消毒工作，以保证质量，避免损失。

第九节 棉 花

一、施足基肥

棉花生育期长，根系分布深而广，不但要求表层土壤具有丰富的矿质营养，而且耕层深层也应保持较高的肥力，并能缓慢释放养分。基肥是在棉花播种前翻耕施入土壤的，可以满足这个要求。基肥以农家肥为主，可在秋冬季节，结合深耕深翻施入土壤，也可以在春天整地时施用。一般亩施优质农家肥 3 000~4 000kg，史丹利复合肥 30~50kg，同时每亩底施锌、硼肥各 1~2kg。

二、适时播种

1. 时间

生产上一般以 5cm 深地温稳定在 12~14℃，或气温稳定在 16℃以上为适宜播种期。适期播种可使棉株生长稳健，现蕾开花提早，延长结铃时间。播种过早地温低，容易造成烂种缺苗。播种过晚，各生育时期推迟，导致晚熟减产、降低纤维品质。

2. 种量

播种量要根据播种方法、种子质量和留苗密度及土壤气候等情况而定。过少难于保证应有的株数，影响产量。过多浪费棉种，而且会造成棉苗拥挤，易形成高脚苗，增加间苗用工等。在种子发芽率低、土壤墒情差、土质黏或盐碱地、地下害虫严重时应酌情增加播种量。

3. 深度

棉花子叶肥大，顶土能力差，播种深度与出苗早晚、棉苗齐全程度及壮弱关系密切。播种过深，温度低，顶土困难，出苗慢，消耗养分多，幼苗瘦弱，甚至引起烂籽、烂芽而缺苗。播种过浅，容易落干，造成缺苗断垄。播种深度要根据土质和墒情而定，原则上掌握播种深度为3~4cm。墒情好、质地较黏的土壤播深宜浅，土壤墒情差、质地偏沙的土壤宜适当深播。

三、整枝打顶

1. 去叶枝

当第1个果枝出现后，将第1果枝以下叶枝及时去掉，保留主茎叶片给根系提供有机养料，称为去叶枝或抹油条。去叶枝是控制棉花旺长夺取高产的手段之一，弱苗和缺苗处的棉株可以不去叶枝，等其伸长后再打边心。去叶枝在现蕾初期进行。一般株型松散的中熟品种需要去叶枝，株型紧凑的早熟品种可不进行此项工作。

2. 打顶心

打顶能消除顶端优势，调节光合产物在各器官内呈均衡分布，增加下部结实器官中养分分配比例，加强同化产物向根系中的运输，增强根系活力和吸收养分的能力，进而提高成铃率。

3. 打边心

打边心就是打去果枝的顶尖，可控制果枝横向生长，改善田间通风透光条件，利于提高成铃率，增加铃重，促进早熟。生产上对肥水充足、长势较旺、密度较大的棉田，在田管中后期，自下而上分次打去群尖，并结合结铃情况，下部留2~3个果节，中部留3~4个果节，上部可根据当地初霜期早晚打。

四、合理追肥

1. 轻施苗肥

追施苗肥，可以促进根系发育，培育壮苗。苗肥一般以氮肥为主，可根据苗情、地力、基肥等情况而定。对于地力差、基肥不足、长势弱的棉田，每亩追施尿素或高氮复合肥 5~10kg，开沟条施，施后覆土。对于肥力高、基肥足的棉田，可以不追施苗肥。

2. 稳施蕾肥

棉花现蕾后对养分的需求逐渐增加，蕾期合理追肥，能够满足棉株发棵的需要，协调营养生长与生殖生长的关系，促进植株稳健生长。一般在棉花现蕾初期亩追施史丹利复合肥 15~20kg。追肥方法以开沟深施为好，并与棉株保持适当距离，避免伤根，影响正常生长。

3. 施花铃肥

花铃期是棉花需肥最多的时期，重施花铃肥对争取“三桃”有显著作用。一般亩施尿素史丹利复合肥 20~30kg。对地力差、基肥少、长势弱的棉田，可适当早施，在棉株开花达 80%以上，并坐住 1~2 个幼桃时进行追施，追肥方法以条施为宜。

4. 施盖顶肥

补施盖顶肥主要防止棉花后期缺肥而早衰，促进植株稳健生长，增强抗病、抗虫、抗早衰能力，争取多结秋桃和增加铃重。一般于打顶前后进行根外追肥，对缺氮或早衰棉田，每亩喷施 1%尿素溶液 50~75kg，5~7 天 1 次，连喷 2~3 次。对缺磷、钾或旺长贪青晚熟棉田，每隔 7~10 天喷 1 次 0.2%磷酸二氢钾溶液，连喷 2~3 次，以达到后期不黄叶、不落叶、不早衰、高产优质的目的。

第十节　油　菜

一、播前准备

（一）选地、整地、测土配方施肥

油菜属直根系作物，根系发达，主根入土深，加之种子小，出土能力弱，生产上应选择土壤耕层深厚、土质疏松、灌排方便的地块种植。一般前茬秋粮作物收获后应及时深耕 25cm，再浅旋耕两遍，达到地表平坦无坷垃状态即可秋播。天津地区秋季多阴雨天气，给正常播种、出苗带来困难，也很容易错过农时，因此，生产上多采取早春播技术，冬前，按照秋播地整地标准精细整地后，选择在大雪节气前后浇冻水，待表层土壤出现冻融，进行耙耱保墒待播。按照每生产 100kg 油菜籽需要吸收 N 9.5kg、P_2O_5 3.5kg、K_2O 9.5kg，N、P、K 的比例为 1∶0.36∶1 测算，依据示范区所取土壤综合样本营养成分检测结果结合目标产量确定施肥量。油菜生育期短，施肥应以基肥为主，结合整地，每亩机械抛洒充分腐熟的农家肥 3 000~5 000kg，随播种机械一次性条施油菜专用全元复合肥 30~40kg。

（二）合理轮作倒茬

油菜忌连作，不宜与十字花科作物轮作。与小麦、夏玉米等禾本科作物轮作倒茬能够减少病虫草害发生，改善土壤营养状况，提高地力，增加产量，提高品质。

（三）确定播期，适时播种

油菜种子萌发需要 4℃以上的温度，在 25℃温度条件下 4 天就可以出苗。天津地区一般秋直播在 9 月中下旬进行，为解决本地区秋季多阴雨、积温和农时紧张等因素对油菜规模化种植造成的影响，一般采用早春顶凌早春播种技术。一般在 2 月下旬至3月上旬，当地日平均气温稳定在2~3℃时即可播种。规模化栽培，应采取机械化条播。播前精选种子，并晒种1~2天，可提高种子发芽势与发芽率。

（四）合理密植

合理密植是油菜获得生物和籽实高产稳产的关键，充分考虑天津地区严重的春旱问题，根据种植目的、地力和品种的不同，播种量设计有所差异。对于早春播以收获籽实为目的高水肥地块，保持行距40cm、株距为8cm或行距50cm、株距6cm，每亩留苗2万株左右，对播期较晚、地力水平不高的地块，保持行距为40cm、株距7cm或行距50cm、株距6cm，每亩留苗2.5万株左右。如果以绿肥还田为目的，每亩留苗密度要保持2.5万株以上。采取机械化条播技术，每亩用种量0.5~0.75kg，行距40~50cm，株距5~6cm，播深2~3cm，覆土1cm左右。采用油菜专用播种机或用谷子、高粱和小麦播种机调换分种器后播种，播种时考虑到油菜种子细小，播种量不好控制，可加入适量炒熟的油菜或谷子与油菜种混拌均匀后播种。

二、田间管理技术

（一）间苗、定苗

间苗定苗是油菜苗期田间管理极为重要的一环，及时间苗、定苗，可有效控制留苗密度，确保苗齐、苗匀、苗壮，避免幼苗拥挤、植株细弱、高脚苗及提早抽薹等问题的发生，较大幅度提高品质和产量。间苗一般分2次进行，第1次是2~3片真叶期，尽量掌握去小苗留大苗，以相邻两株之间叶不搭叶为好；第2次在4~5片真叶期，按照计划留苗密度，本着去弱留强、去病留健的原则进行。

（二）中耕培土

中耕松土可以打破土壤板结，防止土壤盐碱化，提高耕层土壤温度，提高土壤通透气，改善土壤的理化性状，确保油菜正常生长，结合中耕起垄，还可有效预防倒伏。

（三）浇水追肥

油菜定苗后，结合中耕每亩追施尿素5~7.5kg，对旺苗要注意肥水控制，适当进行蹲苗。抽薹现蕾期是油菜营养生长和生殖生长并进期，是水肥关键期，这一时期田间管理的重点是要确保肥水供应，使植株长势稳健、不早衰，同时，又不能大肥大水，特别是控制氮肥施用量，防止出现贪青晚熟问题。一般结合灌溉，每亩追施尿素5kg，也可结合病虫害防治喷施磷酸二氢钾叶面肥，确保植株正常生长。冬前和春后如遇干旱，浇好越冬水和春水。

三、适时收获

籽用油菜在花后25~30天，种子重量、油分含量接近最高值。规模化种植的籽用油菜，当油菜进入角果黄熟期，即植株上有80%左右角果呈黄色时即可机械化收割。为减少角果的脱落和炸裂，应选择阴天或晴天早晨露水刚刚晒干时收割。收获的油菜籽经晾晒去杂，当水分降到8%~9%时即可入库；饲用油菜机械化全株收获期一般选择终花期，每亩产鲜品3.5t左右；作为休耕轮作养地专用绿肥的油菜，翻压时期为花蕾期至花盛期。翻压方法是先将油菜茎叶切成长10~20cm，然后均匀抛撒在地面，再用翻转犁翻入土壤中，一般入土深10~20cm，沙质土可深些，黏质土可浅些。通过持续还田，达到增加土壤有机质和孔隙度、改善土壤结构、提高土壤全氮和全磷含量、培肥地力的目的。

第三章　蔬菜绿色生态种植技术

第一节　大白菜

一、栽培方式与季节

传统栽培方式是露地栽培，秋播冬收。一般采用不同熟性的品种，7 月下旬至 9 月中旬播种，9 月下旬至翌年 1 月采收。反季节生产，可安排春、夏、秋或秋延后播种。

（一）春大白菜

(1) 露地栽培。这种方式是露地直播。长江流域多在 3 月下旬播种，过早易发生先期抽薹，5 月下旬至 6 月中旬收获。另一种方式是保护地育苗，露地定植，2 月下旬至 3 月上旬在大棚或小棚内育苗，最好采用穴盘育苗。注意多重覆盖保温，3 月下旬至 4 月初定植，5 月中旬前后始收。

(2) 保护地栽培。利用地膜和小拱棚覆盖，提前在 3 月上旬直播，由于保护设施白天的增温有“脱春化”作用，因而可防止抽薹，5 月中旬前可开始采收。4 月可分期分批播种，排开上市，和夏天的菜衔接。

（二）夏大白菜

（1）露地直播。江南地区 5—7 月均可播种，播后 50~60 天采收。

（2）遮阳防雨棚栽培。利用夏季空闲大棚顶部覆盖薄膜，再加盖遮阳网，以防雨、遮阳、降温。在最炎热的6—7月播种大白菜，仍能正常生长和结球，生产效果比露地好。

（3）山地栽培。利用山地夏季气候较凉爽的有利条件，安排在平原露地较难栽培大白菜的炎热夏季6—7月直播，8—9月采收，可达到平原地遮阳网覆盖栽培的效果。

（三）秋或秋延后大白菜

秋播的大白菜多半为直播，秋延后的有直播也有育苗移栽的，前期露地生长，在南昌到了11月中旬后中小棚覆盖防寒，春节前后采收，效益较好。即10月上旬直播，或9月下旬育苗，10月中旬移栽，翌年1月下旬至2月中旬收获。

二、选地和整地

大白菜连作容易发病，所以要进行轮作，特别提倡粮菜轮作，水旱轮作。在常年菜地上栽培则应避免与十字花科蔬菜连作，可选择前茬是早豆角、早辣椒、早黄瓜、早番茄的地栽培。种大白菜的地要深耕20~27cm，坑地10~15天，然后把土块敲碎整平，做成1.3~1.7m宽的畦，或0.8m的窄畦、高畦。作畦时要深开畦沟、腰沟、围沟27cm以上，做到沟沟相通。

三、播种

大白菜一般采用直播，也可育苗移栽。直播以条播为主，点播为辅。在前茬地一时还空不出来时，为了不影响栽培季节，也可采用育苗移栽。不管采用哪种方式，土壤一定要整细整平，直播每亩用种量200g左右。育苗移栽者，每栽1亩大田，需苗床15~20m^2，多用撒播的方法，用种量75~100g，直播。播后每亩用40~50担（1担=50kg。全书同）腐熟人粪尿，并结合进行地面盖籽土。此后，每天早晚各浇水1次，保持土壤湿润，3~4天即可出苗。大白菜的行株距要根据品种的不同来确定，一般早熟品种为（33~50）cm×33cm，每亩留苗3 500株以上；

中熟品种为（53~60）cm×（46~53）cm，每亩留苗2 100~2 300株；晚熟品种为67cm×50cm，每亩留苗2 000株以下。育苗移栽的，最好选择阴天或晴天傍晚进行。为了提高成活率，最好采用小苗带土移栽，栽后浇上定根水。

四、田间管理

（1）间苗。2~3片真叶时，进行第1次间苗；5~6片叶时，间第2次苗；7~8片叶就可定苗。按不同品种和施肥水平选定不同的行株距，每穴留1株壮苗，间苗时可结合除草。

（2）追肥。大白菜定植成活后，就可开始追肥。每隔3~4天追1次15%的腐熟人粪尿，每亩用量4~5担。看天气和土壤干湿情况，将人粪尿对水施用。大白菜进入莲座期应增加追肥浓度，通常每隔5~7天，追1次30%的腐熟人粪尿，每亩用量15~20担，以及菜枯或麻枯75~100kg。开始包心后，重施追肥并增施钾肥是增产的必要措施，每亩可施50%的腐熟人粪尿30~40担，并开沟追施草木灰100kg，或硫酸钾10~15kg，这次施肥菜农将其叫做灌心肥。植株封行后，一般不再追肥，如果基肥不足，可在行间酌情施尿素。

（3）中耕培土。为了便于追肥，前期要松土，除草2~3次。特别是久雨转晴之后，应及时中耕炕地，促进根系的生长。莲座中期结合沟施饼肥培土作垄，垄高10~13cm。培垄的目的主要是便于施肥浇水，减轻病害。培垄后粪肥往垄沟里灌，不能沾污叶片。同时，水往沟里灌，不浸湿蔸部。保持沟内空气流通，使株间空气湿度减少，这样可以减少软腐病的发生。

（4）灌溉。大白菜苗期应轻浇勤泼保湿润，莲座期间断性浇灌，见干见湿，适当炼苗；结球时对水分要求较高，土壤干燥时可采用沟灌。灌水时应在傍晚或夜间地温降低后进行，要缓慢灌入，切忌满畦。水渗入土壤后，应及时排出余水。做到沟内不积水，畦面不见水，根系不缺水。一般来说，从莲座期结束后至结球中期，保持土壤湿润是争取大白菜丰产的关键之一。

（5）束叶和覆盖。大白菜的包心结球是它生长发育的必然规律，不需要束叶。但晚熟品种如遇严寒，为了促进结球良好，延迟采收供应，小雪后把外叶扶起来，用稻草绑好，并在上面盖上1层稻草或农用薄膜，能保护心叶免受冻害，还具有软化作用。早熟品种不需要束叶和覆盖。

第二节　番　茄

一、春季大棚栽培技术

（一）播种育苗

1. 品种选择

大棚栽培一般都选早熟品种和中熟品种，上海地区的主要品种有浙粉202、浙粉988、合作906、合作908、金棚1号、21世纪宝粉、L402等。

2. 播种期

11月上中旬在大棚内播种育苗，翌年1月下旬至2月中旬定植，4月上旬至7月上旬采收。

3. 种子处理

播种前进行种子处理，剔除杂质、劣籽后，用55℃温水浸种15min，并不断搅拌。将种子放在清水中浸种3～8h，捞出用纱布包好，在25～30℃的环境中催芽，50%以上种子露白即可播种。

4. 播种

常用的育苗方法有两种，即苗盘育苗和苗床育苗。

（1）苗盘育苗。苗盘规格是25cm×60cm 的塑料育苗盘，每个盘播种 5g，每亩生产田用种 30~40g。装好营养土浇足底水后播种，播后覆盖 0.5cm 左右厚的盖籽土。苗盘下铺电加温线，上盖小环棚。营养土配制是按体积比肥沃菜园土 6 份、腐熟干厩肥 3 份、砻糠灰 1 份配制而成。

（2）苗床育苗。苗床宽 1.5m，平整后铺电加温线，电加温线之间的距离为 10cm，然后覆盖 10cm 厚的营养土，浇足底水后播种，播后覆盖 0.5cm 左右厚的盖籽土。播种量每平方米 15g 左右。苗床上盖小环棚。

5. 苗期管理

当幼苗有 1 片真叶时进行分苗，移入直径 8cm 的塑料营养钵内，然后在大棚内套小环棚，加盖无纺布、薄膜等保温材料。整个育苗期间以防寒保暖为主，并要遵循出苗前高、出苗后低，白天高、夜间低的温度管理原则。夜间温度不应低于 15℃，白天温度在 20℃以上，以利花芽分化，减少畸形果。同时要预防高温烧苗，应根据天气情况和苗情适时揭盖覆盖物。出苗后应经常保持多见阳光，当叶与叶相互遮掩时，拉大营养钵的距离，以防徒长。苗期可用叶面肥，如天缘、赐保康等喷施。壮苗标准是苗高 18~20cm，茎粗 0.6cm 左右，节间短，有 6~8 片真叶。植株健壮，50%以上苗现蕾，苗龄 65~75 天。定植前 7 天左右注意通风降温，加强炼苗。

（二）定植前准备

1. 整地作畦

选择地势高爽，前 2 年未种过茄果类作物的大棚，施入基肥并及早翻耕，然后做成宽 1.5m（连沟）的深沟高畦，每标准棚（30m×6m）做 4 畦。畦面上浇足底水后覆盖地膜。

2. 施基肥

一般每亩施腐熟有机肥 4 000kg 或商品有机肥1 000kg，再加25%蔬菜专用复合肥50kg或52%茄果类蔬菜专用肥（N：P_2O_5：K_2O=21：13：18）30~35kg，肥料结合耕地均匀翻入土中后作畦。

（三）定植

1. 定植时间

当苗龄适宜，棚内温度稳定在10℃以上时即可定植。一般在1月下旬至2月上旬，选择晴好无风的天气定植。

2. 定植方法

定植前营养钵浇透水，畦面按株行距先用制钵机打孔，定植深度以营养钵土块与畦面相平为宜。定植后，立即浇搭根水，定植孔用土密封严实。同时搭好小环棚，盖薄膜和无纺布。

3. 定植密度

每畦种2行，行距60cm，株距30~35cm，每亩栽2 400株左右。

（四）田间管理

大棚春番茄的管理原则以促为主，促早发棵、早开花、早坐果、早上市，后期防早衰。

1. 温光调控

定植后闷棚（不揭膜）2~4天。缓苗后根据天气情况及时通风换气，降低湿度，通风先开大棚再适度揭小棚膜。白天尽量使植株多照阳光，夜间遇低温要加盖覆盖物防霜冻，一般在3月下旬拆去小环棚。以后通风时间和通风量随温度的升高逐渐加大。

2. 植株整理

第1花序坐果后要搭架、绑蔓、整枝，整枝时根据整枝类型将其他侧枝及时摘去，使棚内通风透光，以利植株的生长发育。留3~4穗果时打顶，顶部最后1穗果上面留2片功能叶，以保证果实生长的需要。每穗果应保留 3~4 个果实，其余的及时摘去。结果后期摘除植株下部的老叶、病叶，以利通风透光。

3. 追肥

肥料管理掌握前轻后重的原则。定植后 10 天左右追 1 次提苗肥，每亩施尿素 5kg。第 1 花序坐果且果实直径 3cm 大时进行第 2 次追肥，第 2、第 3 花序坐果后，进行第 3、第 4 次追肥，每次每亩追尿素 7.5~10kg 或三元复合肥 5~15kg。采收期，采收 1 次追肥 1 次，每次每亩追尿素 5kg、氯化钾 1kg。

4. 水分管理

定植初期，外界气温低，地温也低，不利于根系生长，一般不需要补充水分。第 1 花序坐果后，结合追肥进行浇灌，此时，大棚内温度上升，番茄植株生长迅速，并进入结果期，需要大量的水分。每次追肥后要及时灌水，做到既要保证土壤内有足够的水分供应，促进果实的膨大，又要防止棚内湿度过高而诱发病害。

5. 生长调节剂使用

第 1 花序有 2~3 朵花开时，用激素喷花或点花，防止因低温引起的落花落果，促进果实膨大，抑制植株徒长是确保番茄早熟丰产的重要措施之一。常用激素主要为番茄灵，用于浸花，也可用于喷花，浓度掌握在 30~40mg/kg。使用番茄灵必须在植株发棵良好、营养充足的条件下进行，因此定植后不宜过早使用。番茄灵也可防止高温引起的落花落果，在生长后期也可使用，但使用后要增加后期的追肥，防止早衰。

二、秋季栽培技术

（一）播种时期

播种期一般在 7 月中旬，延后栽培的可推迟到 8 月上旬前。

（二）育苗

秋番茄也要采取保护地育苗，以减少病毒病的为害。播种方法与春季大棚栽培相同，先撒播于苗床上，再移栽到塑料营养钵中，或者采用穴盘育苗，将番茄种子直接播于50穴或72穴穴盘中。穴盘营养土可按体积比按肥沃菜园土6份、腐熟干厩肥3份、砻糠灰1份或蛭石50%、草炭50%配制。播种前浇透水，播后及时覆盖遮阳网，苗期正值高温多雨季节，幼苗易徒长，出苗后要控制浇水，应保持苗床见干见湿。遇高温干旱，应适量浇水抗旱保苗。秋季番茄苗龄不超过25天。

（三）整地作畦

秋番茄的前茬大多是瓜果类蔬菜，土壤中可能遗留下各种有害病菌，而且因高温蒸发土壤盐分上升，这对种好秋番茄极为不利。所以，前茬出地后，应立即进行深翻、晒白，灌水淋洗，然后每亩施商品有机肥500~1 000kg和45%硫酸钾BB肥30kg，深翻整地，再做成宽1.4~1.5m（连沟）的深沟高畦。

（四）定植

8月中旬至9月初选阴天或晴天傍晚进行，每畦种2行，株距30cm，边栽植边浇水，以利活棵。

（五）田间管理

定植后要及时浇水、松土、培土。活棵后施提苗肥，每亩施尿素10kg左右。第一穗果坐果后，每亩施三元复合肥15~20kg，追肥穴施或随水冲施。以后视植株生长情况再追肥1~2次，每次每亩施三元复合肥10~15kg。

开花后用（25~30）$\times 10^{-6}$mg/kg浓度的番茄灵防止高温落花、落果。坐果后注意水分的供给。

秋番茄不论早晚播种都以早封顶为好，留果3~4层，这样可减少无效果实的产生，提高单果重量。秋番茄后期的防寒保暖工作很重要，一般在10月底就要着手进行。种在大棚内的，夜间要放下薄膜；种在露地的，要搭成简易的小环棚。早霜来临前，盖上塑料薄膜，一直沿用到11月底。作延后栽培的，进入12月后，要开始加强保暖措施。可在大棚内套中棚，并将番茄架拆除放在地上，再搭小环棚，上面覆盖薄膜和无纺布等防寒材料。如果措施得当，可延迟采收到2月中旬。其他田间管理与春季大棚栽培相同。

（六）采收

10月中下旬可开始采收。采用大棚延后栽培的，可采收到翌年的2月。露地栽培的秋番茄每亩产量为1 000~2 000kg，大棚栽培的秋番茄每亩产量为2 000~2 500kg。

第三节　茄　子

一、整地作畦施基肥

茄子根系较发达，吸肥能力强，如要获得高产，宜选择肥沃而保肥力强的黏壤土栽培，不能与辣椒、番茄、马铃薯等茄科作物连作，要与茄科蔬菜轮作3年以上。在茄子定植前15~20天，翻耕27~30cm深，作成1.3~1.7m宽的畦。武汉地区也有作3.3~4m宽的高畦，在畦上开横行栽植。

茄子是高产耐肥作物，多施肥料对增产有显著效果。苗期多施磷肥，可以提早结果。结果期间，需氮肥较多，充足的钾肥可以增加产量。一般每亩施猪粪或人粪尿40~50担，垃圾70~80担，过磷酸钙15~25kg，草木灰50~100kg，在整地时与土壤混合，但也可以进行穴施。

二、播种育苗

播种育苗的时间，要看各地气候、栽培目的与育苗设备来定。南昌地区一般在11月上中旬利用温床播种，用温床或冷床移植。如用工厂化育苗可在 2 月上中旬播种。播种前宜先浸种，播干种则发芽慢，且出苗不整齐。

茄子种子发芽的温度，一般要求在 25～30℃。经催芽的种子播下后 3～4 天就可出土。茄子苗生长比番茄、辣椒都慢，所以需要较高的温度。育茄子苗的温床，宜多垫些酿热物，晴天日温应保持 25～30℃，夜温不低于 10℃。

三、定植

茄子要求的温度比番茄、辣椒要高些，所以定植稍迟。南昌地区一般要到 4 月上中旬进行。为了使秧苗根系不受损伤。起苗前 3～4h 应将苗床浇透水，使根能多带土。定植要选在没有风的晴天下午进行。定植深度以表土与子叶节平齐为宜，栽后浇上定根水。

栽植的密度与产量有很大关系。早熟品种宜密些，中熟品种次之，晚熟品种的行株距可以适当放大。其次与施肥水平的关系也很大，即肥料多可以栽稀些；肥料少要密一点，这样能充分利用光能，提高产量。一般在 80～100cm 宽的小畦上栽两行。早熟品种的行株距为 50cm×40cm，中晚熟品种为（70～80）cm×（43～50）cm。

四、田间管理

（一）追肥

茄子是一种高产的喜肥作物，它以嫩果供食用，结果时间长，采收次数多，故需要较多的氮肥、钾肥。如果磷肥施用过多，会促使种子发育，以致籽多，果易老化，品质降低，所以生长期的合理追肥是保证茄子丰产的重要措施之一。定植成活后，每隔 4～5 天结合浇水施 1 次稀薄腐熟人粪尿，催起苗架。当根茄结牢后，要重施 1 次人粪尿，每亩 20～30 担。这次肥料对植株生长和以后产量关系很大，以后每采收 1 次，或隔 10 天左右追施人粪尿或尿素 1 次。施肥时不要把肥料浇在叶片或果实上，否则会引起病害发生并影响光合作用的进行。

（二）排水与浇水

茄子既要水又怕涝，在雨季要注意清沟排水，发现田间积水，应立即排除，以防涝害及病害发生。

茄子叶面积大，蒸发水分多，不耐旱，所以需要较多的水分。如土壤中水分不足，则植株生长缓慢，落花多，结果少，已结的果亦果皮粗糙，品质差，宜保持 80% 的土壤湿度，干时灌溉能显著增产。灌溉方法有浇灌、沟灌两种。地势不平的以浇灌为主，土地平坦的可行沟灌。沟灌的水量以低于畦面 10cm 为宜，切忌漫灌，灌水时间以清晨或傍晚为好，灌后及时把水排除。

在山区水源不足、浇灌有困难的地方，为了保持土壤中有适当的水分，还可采取用稻草、树叶覆盖畦面的方法，以减少土表水分蒸发。

（三）中耕除草和培土

茄子的中耕除草和追肥是同时进行的。中耕除草后，让土壤晒白后要及时追上稀薄人粪尿。中耕还能提高土温，促进幼苗生长，减少养分消耗。中耕中期可以深些，5～7cm；后期宜浅些，约 3cm。当植株长到 30cm 高时，中耕可结合培土，把沟中的土培到植株根际。对于植株高大的品种，要设立支柱，以防大风吹歪或折断。

（四）整枝，摘老叶

茄子的枝条生长及开花结果习性相当有规则，所以整枝工作不多。一般将靠近根部的过于繁密的3～4 个侧枝除去。这样可免枝叶过多，增强通风，使果实发育良好，不利于病虫繁殖生长。但在生长强健的植株上，可以在主干第 1 花序下的叶腋留 1～2 条分枝，以增加同化面积及结果数目。

茄子的摘叶比较普遍，南昌、南京、上海、杭州、武汉等地的菜农认为摘叶有防止落花、果实腐烂和促进结果的作用。尤其在密植的情况下，为了早熟丰产，摘除一部分老叶，使通风透光良好，并便于喷药治虫。

（五）防止落花

茄子落花的原因很多，主要是光照微弱、土壤干燥、营养不足、温度过低及花器构造上有缺陷。

防止落花的方法：据南昌市蔬菜科学研究所试验，在茄子开花时，喷射 50mg/kg（即 1ml 溶液加水 200g）的水溶性防落素效果很好。又据浙江大学农业与生物技术学院蔬菜教研室在杭州用藤茄做的试验说明，防止 4 月下旬的早期落花，可以用生长刺激剂处理，其方法是用 30mg/kg 的 2，4-D 点花。经处理后，防止了落花，并提早 9 天采收，增加了早期产量。

第四节　辣　椒

一、露地栽培

早春育苗，露地定植为主。

（一）种子处理

要培育长龄壮苗，必须选用粒大饱满、无病虫害、发芽率高的种子。育苗一般在春分至清明。将种子在阳光下暴晒 2 天，促进后熟，提高发芽率，杀死种子表面携带的病菌。用 300～400 倍液的高锰酸钾浸泡 20～30min，以杀死种子上携带的病菌。反复冲洗种子上的药液后，再用25～30℃的温水浸泡 8～12h。

（二）育苗播种

苗床做好后要灌足底水。然后撒薄薄 1 层细土，将种子均匀撒到苗床上，再盖一层 0.5～1cm 厚的细土覆盖，最后覆盖小棚保湿增温。

（三）苗床管理

播种后 6~7 天就可以出苗。70%小苗拱土后，要趁叶面没有水时向苗床撒 0.5cm 厚的细土，以弥缝保墒，防止苗根倒露。苗床要有充分的水供应，但又不能使土壤过湿。辣椒高度到 5cm 时就要给苗床通风炼苗，通风口要根据幼苗长势以及天气温度灵活掌握，在定植前 10 天可露天炼苗。幼苗长出 3~4 片真叶时进行移植。

（四）定植

在整地之后进行。种植地块要选择在近几年没有种植茄果蔬菜和黄瓜、黄烟的春白地，刚刚收过越冬菠菜的地块也不好。定植前 7 天左右，每亩地施用土杂肥 5 000kg，过磷酸钙 75kg，碳酸氢铵 30kg 作基肥。定植的方法有两种：畦栽和垄栽。主要是垄作双行密植。即垄距 85~90cm，垄高 15~17cm，垄沟宽 33~35cm。施入沟肥，撒均匀即可定植。株距 25~26cm，呈双行，小行距 26~30cm。错埯栽植，形成大垄双行密植的格局。

（五）田间管理

苗期应蹲苗，进入结果期至盛果期，开始肥水齐攻。盛果期后旱浇涝排，保持适宜的土壤湿度。在定植 15 天后追磷肥 10kg，尿素 5kg，并结合中耕培土高 10~13cm，以保护根系，防止倒伏。进入盛果期后管理的重点是壮秧促果。要及时摘除门椒，防止果实坠落引起长势下衰。结合浇水施肥，每亩追施磷肥 20kg，尿素 5kg，并再次对根部培土，注意排水防涝。要结合喷施叶面肥和激素，以补充养分和预防病毒。

（六）及时采收

果实充分长大，皮色转浓绿，果皮变硬而有光泽时是商品性成熟的标志。

二、辣椒的春提前保护地栽培

（一）育苗

选用早熟、丰产、株形紧凑、适于密植的品种是辣椒大棚栽培早熟的关键。可选用农乐、中椒 2 号、甜杂 2 号、津椒 3 号、早丰 1 号、早杂 2 号等。播种期一般在 1 月上旬至 2 月上旬。

（二）定植

在 4—5 月，可畦栽也可垄栽，双行定植。选择晴天上午定植。由于棚内高温高湿，辣椒大棚栽培密度不能太大，过密会引起徒长，光长秧不结果或落花，也易发生病害，造成减产。为便于通风，最好采用宽窄行相间栽培，即宽行距 66cm，窄行距 33cm，株距 30～33cm，每亩4 000穴左右，每穴双株。

（三）定植后的管理

定植时浇水不要太多，棚内白天温度 25～28℃，夜间以保温为主。过 4～5 天后，浇 1 次缓苗水，连续中耕 2 次，即可蹲苗。开花坐果前土壤不干不浇水，待第 1 层果实开始收获时，要供给大量的肥水，辣椒喜肥、耐肥，所以追肥很重要。多追有机肥，增施磷钾肥，有利于丰产并能提高果实品质。盛果期再追肥灌水 2～3 次，在撤除棚膜前应灌 1 次大水。此外还要及时培土，防倒伏。

（四）保花保果及植株调整

为提高大棚辣椒坐果率，可用生长素处理，保花保果效果较好。2，4-D 质量分数为 15～20mg/kg，10 时以前抹花效果比较好。扣棚期间共处理 4～5 次。辣椒栽培不用搭架，也不需要整枝打杈，但为防止倒伏对过于细弱的侧枝以及植株下部的老叶，可以疏剪，以节省养分，有利于通风透光。

第五节　花椰菜

一、栽培季节与茬口安排

露地栽培季节主要是春、秋两季。南方亚热带区，一般在7—11月依品种熟性不同排开播种，10月至翌年4月收获。长江、黄河流域，春茬10—12月播种，翌年3—6月收获；秋茬6—8月播种，10—12月收获。华北地区，春茬2月上中旬播种，5月中下旬收获；秋茬6月下旬至7月上旬播种，10—11月收获。北方寒冷地区，春茬2—3月播种，6—7月收获；夏茬4月播种，8月收获；秋茬6月播种，9—10月收获。

二、秋花椰菜栽培技术

（一）品种选择

可选择白峰、雪山、荷兰雪球等品种。

（二）育苗

花椰菜种子价格较高，一般用种量较小，育苗中要求管理精细。在夏季和秋初育苗时，天气炎热，有时有阵雨，苗床应设置荫棚或用遮阳网遮阴。苗床土要求肥沃，床面力求平整。适当稀播。一般每10m^{2}播种量50g，可得秧苗1万株以上。当幼苗出土浇水后，覆细潮土1~2次。播种后20天左右，幼苗3~4片真叶时，按大小进行分级分苗，苗间距为8cm×10cm。定植前在苗畦上划土块取苗，带土移栽。

有条件的地区也可采用穴盘育苗，采用108孔穴盘，点播方式育苗。幼苗长到3~4片真叶时进行分苗，以后管理同苗床育苗。

（三）施肥

作畦一般采用低畦或垄畦栽培。多雨及地下水位高的地区，应采用深沟高畦栽培。

一般每亩施厩肥 3~5m^3、过磷酸钙 15~20kg、草木灰 50kg。施肥后深翻地，使肥土混合均匀。

（四）定植

一般早熟品种在幼苗 5~6 片真叶、苗龄 30 天左右时定植；中、晚熟品种在幼苗 7~8 片真叶、苗龄 40~50 天时定植。

定植密度：小型品种 40cm×40cm，大型品种 60cm×60cm，中熟品种介于两者之间。

（五）田间管理

（1）肥水管理。在叶簇生长期选用速效性肥料分期施用，花球开始形成时加大施肥量，并增施磷、钾肥。追肥结合浇水进行，结球期要肥水并重，花球膨大期 2~3 天浇 1 次水。缺硼时可叶面喷 0.2%硼酸液。

（2）中耕除草、培土。生长前期进行 2~3 次中耕，结合中耕对植株的根部适量培土，防止倒伏。

（3）保护花球。花椰菜的花球在日光直射下，易变淡黄色，并可能在花球中长出小叶，降低品质。因此，在花球形成初期，应把接近花球的大叶主脉折断，覆盖花球，覆盖叶萎蔫发黄后，要及时换叶覆盖。

有霜冻地区，应进行束叶保护。注意束扎不能过紧，以免影响花球生长。

（六）收获

适宜采收标准：花球充分长大，表面圆正，边缘尚未散开。如采收过早，影响产量；采收过迟，花球表面凹凸不平，颜色变黄，品质变劣。

为了便于运输，采收时，每个花球最好带有 3~4 片叶子。

三、木立花椰菜栽培技术

（一）品种选择

露地栽培宜选用早熟耐热品种；设施栽培宜选择耐寒性强的中晚熟品种。

（二）整地、施肥

一般每亩施优质有机肥5m³、过磷酸钙30~40kg、草木灰50kg。铺施基肥后深耕细耙，做成1.3~1.5m 宽的低畦。

（三）定植

在幼苗长到5~6片真叶时定植。一般每畦栽2行，株距30~40cm，定植密度每亩2 500株左右。早熟品种可适当密植，每亩3 000株左右。

（四）肥水管理

绿菜花需水量大，在花球形成期要及时浇水，保持土壤湿润。多雨地区或季节要及时排水，防止积水沤根。

（五）采收

在植株顶端的花球充分膨大、花蕾尚未开放时采收为宜。采收过晚易造成散球和开花。采收时，将花球下部带花茎10cm左右一起割下。

顶花球采收后，植株的腋芽萌发，并迅速长出侧枝，于侧枝顶端又形成花球，即侧花球。当侧花球长到一定大小、花蕾尚未开放时，可再进行采收。一般可连续采收2~3次。

第六节　洋　葱

一、播种育苗

栽培地应选在地力较好、地势平坦、水资源较好的地区。

育苗畦宽 1.7m，长 30m（可栽植亩），播种前每畦施腐熟农家肥 200kg，用 30ml 50%辛硫磷乳油加 0.5kg 麸皮，拌匀后撒在农家肥上防治地下害虫。再翻地，将畦整平，踏实，灌足底水，水渗后播种，每亩大田需种子 120～150g，播后覆土厚 1cm 左右，然后加覆盖物遮阴保墒。苗齐后浇 1 次水，以后尽量少浇水。苗期可根据苗情适当追肥 1～2 次，并进行人工除草，定植前半个月适当控水，促进根系生长。

二、定植

（1）整地施肥与作畦。整地时要深耕，耕翻的深度不应少于 20cm，地块要平整，便于灌溉而不积水，整地要精细。中等肥力田块（豆茬、玉米等旱茬较好）每亩施优质腐熟有机肥 2t、磷酸二铵或三元复合肥 40～50kg 作底肥。栽植方式宜采用平畦，一般畦宽 0.9～1.2m（视地膜宽度而定），沟宽 0.4m，便于操作。

（2）覆膜。覆膜可提高地温，增加产量，覆膜前灌水，水渗下后每亩喷施田补除草剂 150ml。覆膜后定植前按 16cm×16cm 或 17cm×17cm 株行距打孔。

（3）选苗。选择苗龄 50～60 天，直径 5～8mm，株高 20cm，有 3～4 片真叶的壮苗定植。苗径小于 5mm，易受冻害，苗径大于 9mm 时易通过春化引发先期抽薹。同时将苗根剪短到 2cm 长准备定植。

（4）定植。适宜定植期为“霜降”至“立冬”。定植时应先分级，先定植标准大苗，后定植小苗，定植深浅度要适宜，定植深度以不埋心叶、不倒苗为度，过深鳞茎易形成纺锤形，产量低，过浅又易倒伏，以埋住苗基部 1～2cm 为宜。一般亩定植 2.2 万～2.6 万株，栽后再灌足水，浇水以不倒苗、畦面不积水为好。水渗下后查苗补苗，保证苗全苗齐。

三、定植后管理

（一）适时浇水

定植后的土壤相对湿度应保持在60%~80%，低于60%则需浇水。浇水追肥还应视苗情、地力而定，肥水管理应掌握“年前控，年后促”的原则，一般应“小水勤灌”。冬前管理简单，让其自然越冬。在土壤封冻前浇1次封冻水，翌年返青时及时浇返青水，促其早发。鳞茎膨大期浇水次数要增加，一般6~8天浇1次，地面保持见干见湿为准，便于鳞茎膨大。收获前8~10天停止浇水，有利于储藏。

（二）巧追肥

关键肥生长期内除施足基肥外，还要进行追肥，以保证幼苗生长。

（1）返青期。随浇水追施速效氮肥，促苗早发，每亩追尿素15kg、硫酸钾20kg或追48%三元复合肥30kg。

（2）植株旺盛生长期。洋葱6叶1心时即进入旺盛生长期，此时需肥量较大，每亩施尿素20kg，加45%氮磷钾复合肥20kg，可以满足洋葱旺盛生长期对养分的需求。

（3）鳞茎膨大期。洋葱地上部分达到9片叶时即进入鳞茎膨大期，植株不再增高，叶片同化物向鳞茎转移，鳞茎迅速膨大，此期又是一个需肥高峰，特别是对磷、钾肥的需求明显增加。实践证明，每亩施30kg 45%氮磷钾复合肥，可保证鳞茎的正常膨大。

四、采收

当田间大部分植株已倒伏，地上部分叶片开始枯黄时，表明鳞茎已成熟，即可采收。

第七节　大　葱

一、茬口安排

大葱耐寒抗热，适应性强，且青葱产品收获期不严格，故可分期播种，均衡供应，尤其在南方地区。但冬储大葱的栽培季节比较严格，北方一般秋季播种育苗，翌年夏季定植，入冬前收获；南方地区可春播或秋播。

大葱忌连作，也不宜与其他葱蒜类蔬菜重茬，轮作年限3~5年。前茬宜选择小麦、大麦等粮食作物或春甘蓝、春花椰菜等蔬菜。

二、播种育苗

苗床宜选择土质疏松、有机质丰富的沙壤土，每亩施入腐熟农家肥4 000~5 000kg，过磷酸钙50kg，将整好的地做成85~100cm宽、600cm长的畦，育苗面积与大田栽植面积的比例一般为1：（8~10）。大葱播种一般可分平播（撒播）和条播（沟播）2种方式，撒播较普遍。采用当年新籽，每亩播种量3~4kg。苗期管理主要有间苗、除草、中耕、施肥和浇水。苗期追肥一般结合灌水进行，秋播育苗的，越冬前应控制水肥，结合灌冻水追肥，越冬期间结合保温防寒可覆盖粪土。返青后结合灌水追肥2~3次，每次每亩施尿素10~15kg。春播苗从4月下旬开始第1次浇水施肥，到6月上旬要停止浇水施肥，进行蹲苗、炼苗，使葱叶纤维增加，增强抗风、抗病能力。于栽植前10天施肥浇水，此次施肥为移栽返青打下良好基础，因此也称这次肥为“送嫁”肥。当株高30~40cm、假茎粗1~1.5cm时，即可定植。

三、整地作畦，合理密植

每亩施入腐熟农家肥 2 500~5 000kg，耕翻整平后开定植沟，沟内再集中施优质有机肥 2 500~5 000kg，短葱白品种适于窄行浅沟，长葱白品种适于宽行深沟。合理密植是获得大葱高产、优质的重要措施。一般长葱白型大葱每亩栽植 18 000~23 000株，株距一般以4~6cm 为宜，短葱白型品种栽植，每亩栽植 20 000~30 000株。

四、田间管理

田间管理的中心是促根、壮棵和促进葱白形成，具体措施是培土软化和加强肥水管理。

（一）灌水

定植后进入炎夏，恢复生长缓慢，植株处于半休眠状态，此时管理中心是促根，应控制浇水；气温转凉后，生长量增加，对水分需求多，灌水应掌握勤浇、重浇的原则，每隔 4~6 天浇 1 水；进入假茎充实期，植株生长缓慢，需水量减少，此时保持土壤湿润；收获前 5~7 天停止浇水，以利收获和储藏。

（二）追肥

在施足基肥的基础上还应分期追肥。天气转凉，植株生长加快时，追施“攻叶肥”，每亩施腐熟农家肥 1 500~2 000kg、过磷酸钙 20~25kg，促进叶部生长；葱白生长盛期，应结合浇水追施“攻棵肥”2 次，每亩施尿素 15~20kg、硫酸钾 10~15kg。

（三）培土

大葱培土是软化其叶鞘、增加葱白长度的有效措施，培土高度以不埋住葱心为标准。在此前提下，培土越高，葱白越长，产量和品质也越好。培土开始时期是从天气转凉开始至收获，一般培土 3~4 次。

五、收获

大葱的收获应根据不同栽植季节和市场供应方式而定，秋播苗早植的大葱，一般以鲜葱供应市场，收获期在 9—10 月。春播苗栽植大葱，鲜葱供应在 10 月上旬收获，干储越冬葱在 10 月中旬至 11 月上旬收获。

第八节　大　蒜

一、栽培季节与茬口安排

适宜栽培季节的确定，是获得蒜薹和蒜头双丰收的重要措施，栽培季节要根据大蒜不同生育期对外界条件的要求以及各地区的气候条件来定。

大蒜可春播或秋播，在北纬 38°以北地区，冬季严寒，幼苗露地越冬困难宜春播；北纬 35°~38°地区，可根据当地气温及覆盖栽培与否，确定春播还是秋播。一般在冬季月平均温度低于 −5°的地区，以春播为主。春播宜早，一般在日平均温度达 3~6℃时，土壤表层解冻，可以操作，即应播种。

秋季播种大蒜，幼苗有较长的生长期。与春播大蒜相比，秋播延长了幼苗生育期，蒜头和蒜薹产量都较高。因此，凡幼苗能露地安全越冬的地区和品种，都应进行秋播。在秋播地区，适宜播种的日均温度为 20~22℃，应使幼苗在越冬前长有 4~5 片叶时，以利幼苗安全越冬。一般华北地区的播种期在 9 月中下旬，秋播不可过早，否则植株易衰老，蒜头开始肥大后不久，植株枯黄，产量下降；亦不可过迟，否则蒜苗生长期短，冬前幼苗小，抗寒力弱，不能安全越冬，而且由于生长期短，影响蒜头产量。

二、品种选择

大蒜多选用薹、蒜两用品种，根据各地的生态条件，选择适宜的生态型品种，宜选用抗病虫、高产、优质、耐热、抗寒的品种。

三、整地施肥

大蒜的根吸水肥能力较弱，故要选择土壤疏松、排水良好、有机质含量丰富的田块，要求精细整地，深耕细耙，施足底肥、整平畦面。秋播地一般深耕 15~20cm，结合深耕施腐熟、细碎的有机肥，并配施磷、钾肥后，及时翻耕，耙平作畦，畦宽 1.3~1.7m，畦长以能均匀灌水为度，挖好排水沟。在整地作畦时，地表面一定要土细平整、松软，不能有大土块和坑洼。

四、选种及种瓣处理

大蒜属无性繁殖蔬菜，其播种材料是蒜瓣。播种前选种是取得优质、高产的重要环节之一。播前进行选头选瓣，应选择蒜头圆整、蒜瓣肥大、色泽洁白、顶芽肥壮、无病斑、无伤口的蒜瓣作种。种蒜大小对产量影响很大，大瓣种蒜储藏养分多，发根多，根系粗壮且幼芽粗，鳞芽分化早，生产出的新蒜头大瓣比例高，蒜头重，蒜薹、蒜头产量高，种蒜效益也可以提高。但种瓣并不是越大越好，选瓣时应按大（5g 以上）、中（4g）、小（3g 以下）分级，分畦播种，分别管理，应选用大、中瓣作为蒜薹和蒜头的播种材料，过小的不用。选瓣时去除蒜蹲（即干缩茎盘）。

五、田间管理

大蒜播种后的田间管理，要以不同生育期而定。

春播大蒜萌芽期，若土壤湿润，一般不浇水，以免降低地温和土壤板结，影响出苗。秋播大蒜根据墒情决定浇水与否，若墒情不好，播后可浇 1 次透水，土壤板结前再浇 1 次小水促出苗，然后中耕疏松表土。

春播大蒜出苗后要少灌水，以中耕、保墒提高地温为主，一般于“退母”前开始灌水追肥。秋播大蒜出苗后冬前控水，以中耕为主，促进扎根。4~5 片叶时结合浇水追施尿素。封冻前适时浇冻水，北方寒冷地区还需要盖草防冻，保证幼苗安全越冬。立春后，当气温稳定在 2℃以上时要及时逐渐清除覆草，然后浅中耕，浇返青水并追肥，每次浇水后及时中耕保墒。

蒜薹伸长期是大蒜植株旺盛生长期，也是水肥管理的主要时期，应保持土壤湿润，当基部的 1~4 片叶开始出现黄尖时及时浇 1 次水，并适当追肥，使植株及时得到营养补给，促进蒜薹和鳞芽的生长。一般4~5 天灌水 1 次，保持地面湿润。于“露苞”时结合灌水追肥 1 次，大水大肥促薹、促芽、催秧，使假茎上下粗度一致，采薹前 3~4 天停止浇水，以免脆嫩断薹。

采薹后大蒜叶的生长基本停止，其功能持续 2 周后开始枯黄脱落，根系也逐渐失去吸收功能，要及时补充土壤水分，并追施 1 次催头肥，延长叶、根寿命，防止植株早衰，促进鳞茎充分膨大。以后每隔 3~5 天浇 1 次水，收蒜头前 1 周停水，以防湿度过大造成散瓣，同时有利于起蒜，提高蒜头的耐储性。

六、采收

（一）采收蒜薹

一般蒜薹抽出叶鞘，并开始甩弯时，是采收蒜薹的适宜时期，一般从甩尾到采薹约 15 天，最迟应在总苞变白时采收。采收蒜薹早晚对蒜薹产量和品质有很大影响。采薹过早，产量不高，易折断，商品性差；采薹过晚，虽然可提高产量，但消耗过多养分，影响蒜头生长发育，而且蒜薹组织老化，纤维增多。采薹最宜在晴天的中午或下午，此时植株水分减少，叶鞘较松软，叶鞘与蒜薹容易分离，并且叶片有韧性，不易折断，可减少伤叶。采薹方法有提薹、夹薹和划破叶鞘取薹等几种。

（二）收蒜头

在蒜薹采收后20~30天即可开始采收。适期收蒜头的标志是：叶片枯黄，上部叶片褪色成灰绿色，叶尖干枯下垂，假茎处于柔软状态，为蒜头收获适期。收藏过早，蒜头嫩而水分多，叶中养分尚未完全转移到鳞芽，组织不充实，不饱满，储藏后易干瘪；收藏过晚，蒜头容易散头，拔蒜时蒜瓣易散落，失去商品价值。收藏蒜头时，硬地应用锹挖，软地直接用手拔出。收蒜时，用蒜叉挖松蒜头周围的土壤，将蒜头提起抖净泥土后就地晾晒，后一排的蒜叶搭在前1排的头上，只晒秧，不晒头，忌阳光直射蒜头，防止蒜头灼伤或变绿。

第九节　黄　瓜

一、春季大棚栽培技术

（一）播种育苗

1. 播种期

上海地区大棚春黄瓜一般在1月上中旬播种，早熟栽培的可提前至上年12月上旬左右，播种在大棚内进行。

2. 营养土配制

播种育苗前需进行营养土配制，一般按体积配比，菜园土（3年以上未种植过瓜类作物）6份、充分腐熟的有机肥（可采用精制商品有机肥）3份、砻糠灰1份，按总重量的0.05%投入50%多菌灵可湿性粉剂，充分拌匀后密闭24h，晾开堆放7~10天，待用。

3. 种子处理

先用清水浸润种子，再放入55℃的温水烫种，水量是种子的4~5倍，不断搅拌，10~15min后捞出用清水冲洗，去杂去瘪。

4. 营养钵电加温线育苗

选择排灌方便、土壤疏松肥沃的大棚地块。苗床播种前1个月深翻晒白。整平苗床后，按80~100W/m^2铺电加温线。

选择直径8cm的塑料营养钵，装入营养土，排列于已铺电加温线的苗床上。播种前一天，营养钵浇足底水。选择饱满的种子，每营养钵播种1粒，轻浇水，再用营养土盖籽，厚度0.5~1cm。然后盖地膜、搭小环棚，做好防霜冻工作。

播种至种子破土，白天保持小环棚内28~30℃，夜间25℃。破土后揭去营养钵上的地膜，保持白天25~28℃，夜间20℃、不低于15℃。齐苗后土壤含水量保持在70%~80%。

5. 苗期管理

整个苗期以防寒保暖为主，白天多见阳光，夜间加强小环棚覆盖，白天20~25℃，夜间13~15℃。苗期以控水为主，追肥以叶面肥为宜，应在晴天中午进行，并掌握低浓度。

定植前7天逐渐降低苗床温度，白天15℃，夜间10℃。

壮苗标准为子叶平展、有光泽，茎粗0.5cm以上，节间长度不超过3~4cm，株高10cm，4叶1心，子叶完整无损，叶色深绿，无病虫害，苗龄35~40天。

（二）定植前准备

1. 整地作畦

选择3年以上未种过瓜类作物、地势高爽、排灌两便的大棚。施足基肥后进行旋耕，深度20~25cm，旋耕后平整土地。一般6m跨度大棚作4畦，畦高25cm，畦宽1.1m，沟宽30cm，沟深 20~25cm。整平畦面后覆盖地膜，将膜绷紧铺平后四边用泥土压埋严实。

2. 施基肥

每亩施充分腐熟的农家肥料 4 000kg，25%蔬菜专用复合肥 50kg 或 45%专用配方肥（N：P_2O_5：K_2O = 15：15：15）25~30kg，撒施于土表后进行充分旋耕。

（三）定植

1. 定植时间

苗龄 35~40 天、大棚内保持最低土温 8℃以上、最低气温 10℃以上时，即可定植，一般在 2 月下旬至 3 月初，早熟栽培可提前至 1 月下旬定植。

2. 定植方法

选择冷尾暖头天气的晴天中午进行。用打洞器或移栽刀开挖定植穴，定植前穴内浇适量水后栽苗，定植时脱去营养钵体起苗，注意不要弄散营养土块。定植时营养土块与畦面相平为宜，每畦种 2 行，用土壅根，浇定根水，定植孔用土密封严实，防止膜下热气外溢，灼伤下部叶片，同时有利于提高地温，保持土壤水分。定植完毕后搭好小环棚、盖好薄膜，夜间寒冷时需加盖保暖物，如无纺布等。

3. 定植密度

定植株距为 33cm 左右，每亩定植 2 500 株左右。

（四）田间管理

1. 温光调控

（1）定植至缓苗期。定植后 5~7 天基本不通风，保持白天 25~28℃，晚上不低于 15℃。

（2）缓苗至采收。以提高温度、增加光照、促进发根、发棵、控制病虫害的发生为主要目标。管理措施以小环棚及覆盖物的揭盖为主要调节手段。缓苗后，晴天白天以不超过 25℃为宜，夜间维持在 10~12℃，阴天白天 20℃左右，夜间 8~10℃，尽量保持昼夜温差在 8℃以上。晴天应及时揭除覆盖物，下午在室内气温下降到 18~20℃时应及时覆盖。室温超过 30℃以上，应立即通风。如室内连续降至 5℃以下时应采取辅助加温措施。

（3）采收期。进入采收期后，保持白天温度不低于 20℃，以 25~30℃时黄瓜果实生长最快。

2. 植株整理

（1）搭架。在黄瓜抽蔓后及时搭架，可搭“人”字形架或平行架，也可用绳牵引，用绳牵引的要在大棚上拉好铁丝，准备好尼龙绳，制作好生长架。

（2）整枝。及时摘除侧枝。10 节以下侧枝全部摘除，其他可留 2 叶摘心，生长后期将植株下部的病叶、老叶摘除，以加强植株通风透光，提高植株抗逆性。整枝摘叶需在晴天 10 时以后进行，阴雨天一般不整枝。整枝后为避免整枝处感染，可喷施药剂进行保护。

（3）引蔓。黄瓜抽蔓后及时绑蔓，第 1 次绑蔓在植株高 30~35cm 时，以后每 3~4 节绑 1 次蔓。绑蔓一般在下午进行，避免发生断蔓。当主蔓满架后及时摘心，促生子蔓和回头瓜。用绳牵引的要顺时针向上牵引，避免折断瓜蔓。当主蔓到达牵引绳上部时，可将绳放下后再向上牵引。

3. 肥水管理

（1）追肥。

①定植至采收。定植后根据植株生长情况，追肥 1~2 次。第 1 次可在定植后 7~10 天施提苗肥，每亩施尿素 2.5kg 左右或有机液肥如氨基酸液肥、赐保康每亩施 0.2kg；第 2 次在抽蔓至开花，每亩施尿素 5~10kg，促进抽蔓和开花结果。

②采收期。进入采收期后，肥水应掌握轻浇、勤浇的原则，

施肥量先轻后重。视植株生长情况和采收情况，由每次每亩追施三元复合肥（N：P_2O_5：K_2O = 15：15：15）5kg 逐渐增加到 15kg。

（2）水分管理。黄瓜需水量大且不耐涝。幼苗期需水量小，此时土壤湿度过大，容易引起烂根；进入开花结果期后，需水量大，在此时如不及时供水或供水不足，会严重影响果实生长和削弱结果能力。因此，在田间管理上需保持土壤湿润，干旱时及时灌溉，可采用浇灌、滴灌、沟灌等方式，避免急灌、大灌和漫灌，沟灌后要及时排除沟内水分，以免引起烂根。

二、夏秋栽培技术

（一）播种时期

夏黄瓜一般在 6 月中下旬分批播种，秋黄瓜一般在 7 月上旬播种。黄瓜分批播种，一直可播到 8 月，若管棚黄瓜一直可播到 8 月下旬至 9 月初。夏秋黄瓜可直播，也可采用育苗移栽。育苗一般采用穴盘快速育苗。

（二）定植前准备

1. 整地作畦

选择 3 年以上未种过瓜类作物、地势高爽、排灌两便的大棚。

2. 施基肥

每亩施有机肥 2 000kg 和 25%蔬菜专用复合肥 30kg，撒施均匀后进行旋耕，作畦同春季大棚栽培。

（三）定植

直播的黄瓜，播种前将种子浸泡 3~4h，播后用遮阳网、麦秆、稻草等覆盖，降低土温，保持水分，防雷阵雨造成土壤板结，以利出苗。出苗后在子叶期间苗、移苗及补苗。

穴盘育苗移栽的，应进行小苗移栽，在两片子叶平展后即可定植。定植应在傍晚进行，每畦种两行，株距 35cm，每亩 2 000~2 200株。定植后随浇搭根水，第 2 天进行复水。定植后应使用遮阳网覆盖，提高秧苗素质，为高产优质打好基础。

（四）田间管理

由于气温高，夏秋黄瓜蒸腾作用旺盛，需大量水分，因此必须加强肥水管理。必要时进行沟灌，但忌满畦漫灌，夜间沟灌后要及时排去积水。黄瓜生长至 20cm 左右时应及时制作生长架。可采用搭架栽培，也可采用吊蔓栽培，及时引蔓、绑蔓和整枝，生长中后期要及时摘除中下部病叶、老叶。采收阶段要追肥，采用“少吃多餐”的方法，即追肥次数可以多一些，但浓度要淡一些，每次施肥量少一点，有利黄瓜吸收。同时要加强清沟、理沟，及时做好开沟排水和除草工作。

（五）采收

夏秋黄瓜从播种至开始采收，时间短。夏黄瓜结果期正处于高温季节，果实生长快，容易老，要及早采收。秋黄瓜、秋延后大棚黄瓜，到后期秋凉时果实生长转慢，要根据果实生长及市场状况适时采收。

第十节　苦　瓜

一、播种育苗

苦瓜一般在春、夏两季栽培。北方地区于 3 月底 4 月初在阳畦或温室育苗。苦瓜种皮较厚，播种前要浸种催芽，先用清水将种子洗干净，在 50℃左右的温水中浸 10min，并不断搅拌。然后再放在清水中浸泡 12h，最好每隔 4~5h 换 1 次水。用湿布包好，放在 28~33℃的地方催芽，每天用清水把种子清洗 1 次，以防种子表面发霉，2~3 天后，部分种子可开始发芽，便可拣出先行播种，尚未出芽的种子可继续催芽。

二、整地施基肥

栽培苦瓜要选择地势高、排灌方便、土质肥沃的泥质土为宜，前茬作物最好是水稻，忌与瓜类蔬菜连作。播前耕翻晒垡，整地作畦。每亩要施入基肥（腐熟的土杂肥）1 500~2 000kg，过磷酸钙30~35kg。

三、适当密植

苦瓜苗长出 3~4 片真叶时，可选择晴天的下午定植。行距×株距为 65cm×30cm，一般密度为 2 000~2 250株/亩。定植不可过深，因为苦瓜幼苗较纤弱，栽深易造成根腐烂而引起死苗，定植后要浇定苗水，促使其快速缓苗。

四、田间管理

（一）合理施肥

苦瓜耐肥不耐瘠，充足的肥料是丰产的基础。苦瓜蔓叶茂盛，生长期较长，结果多，所以对水肥的要求较高。除施足基肥外，注意对氮、钾肥应合理搭配，避免偏施氮肥。在苦瓜第一片真叶期开始追肥，施尿素 1~1. 5kg/亩，以后每隔 7~10 天追肥 1 次。

（二）搭架引蔓

苦瓜主蔓长，侧蔓繁茂，需要搭架引蔓，架形可采用“人”字形。引蔓时注意斜向横引。苦瓜距离地面 50cm 以下的侧蔓结瓜甚少，应及时摘除，在半架处侧蔓如生长过密，也应适当摘除一些弱丫，使养分集中，以发挥主蔓结果优势。或主蔓长至 1m 时摘心，留两条强壮的侧蔓结果。整个生长期要适当剪除细弱的侧蔓及过密的衰老黄叶，使之通风透光，增强光合作用，防止植株早衰，延长采收期。

（三）水分的调节

春播的苦瓜幼苗期要控制水分，使其组织坚实，增强抗寒能力。5—6月雨水多时，应及时排除积水，防止地块过湿，引起烂根发病。夏季高温季节，晴天要注意灌水，地面最好覆盖稻草，降温保湿。

五、采收

苦瓜采收适宜的标准是，瓜角瘤状物变粗、瘤沟变浅、尖端变为平滑、皮色由暗绿变为鲜绿，并有光泽的要及时采收上市。一般产量在1 500~2 000kg/亩。

第十一节　甜　瓜

一、栽培季节与茬口安排

薄皮甜瓜以露地栽培为主，栽培季节主要为春、夏季，一般露地断霜后播种或定植，夏季收获。

厚皮甜瓜以设施栽培为主，主要栽培茬口有大棚春茬和秋茬以及温室秋冬茬。

甜瓜忌连作，应与非瓜类蔬菜实行3~5年的轮作，连作时应采取嫁接栽培。

二、塑料大棚厚皮甜瓜春茬栽培技术

（一）品种选择

选择状元、蜜世界、伊丽莎白等。

（二）播种育苗

利用温室、大拱棚或温床育苗。播前进行浸种催芽。采用

育苗钵或穴盘育苗。每钵播 1 粒带芽种子，覆土 1.5cm。出苗前白天温度保持在 28~30℃，夜间 17~22℃；苗期要求白天温度为 22~25℃，夜间15~17℃；定植前 7 天低温炼苗。苗龄 30~35 天，具有 3~4 片真叶时为定植适期。

重茬大棚宜进行嫁接育苗，砧木有黑籽南瓜、杂交南瓜或野生甜瓜，插接法嫁接。

（三）整地作畦

整地前施足底肥，一般每亩施优质有机肥 3~5m^3，复合肥 50kg，钙镁磷肥 50kg，硫酸钾 20kg，硼肥 1kg。土地深翻耙细整平后作畦。采用高畦，畦面宽 1.0~1.2m，高 15~20cm，沟宽 40~50cm。

（四）定植

晴天定植。采用大小行栽植，小行距 70cm，大行距 90cm，株距35~50cm。每亩定植株数为：小果型品种 2 000~2 200株，大果型品种 1 500~1 800株。

（五）田间管理

1. 温度管理

定植初期要密闭保温，促进缓苗，白天棚内气温28~35℃，夜间 20℃ 以上；缓苗后，白天棚内气温 25~28℃，夜间 15~18℃，超过 30℃通风；坐瓜后，白天棚内气温 28~32℃，夜间 15~20℃，保持昼夜温差 13℃以上。

2. 植株调整

甜瓜整枝方式主要有单蔓整枝、双蔓整枝及多蔓整枝等几种。

单蔓整枝适用于以主蔓或子蔓结瓜为主的甜瓜品种密集栽培，双蔓整枝适用于以孙蔓结瓜为主的中、小果型甜瓜品种密集早熟栽培，多蔓整枝主要用于以孙蔓结瓜为主的大、中果型甜瓜品种的早熟高产栽培。

厚皮甜瓜品种大多以子蔓结瓜为主，大棚春茬栽培一般采取吊蔓栽培、单蔓整枝、子蔓结瓜，少数采用双蔓整枝。单蔓整枝一般在 12~14 节位留瓜，选留瓜节前后的 2~3 个基部有雌花的健壮子蔓作为预备结果枝，其余摘除，坐瓜后瓜前留 2 片叶摘心，主蔓 25~30 片真叶时摘心。双蔓整枝在幼苗长至 4~5 片真叶时摘心，选留 2 条健壮子蔓，利用孙蔓结瓜，每子蔓的留果、打杈、摘心等方法与单蔓整枝相同。

3. 人工授粉与留瓜

在预留节位的雌花开放时，于 8—10 时人工授粉。当幼瓜长至鸡蛋大时开始选留瓜。小果型品种每株留 2 个瓜，大果型品种每株留 1 个瓜。当幼瓜长到 250g 左右时，及时吊瓜。小果型瓜可用网兜将瓜托住，也可用绳或粗布条系住果柄，拉住瓜，防止瓜坠拉伤瓜秧。大果型瓜需用草圈从下部托起，防止瓜坠地。当瓜定个后，定期转瓜 2~3 次，使瓜均匀见光着色。

4. 肥水管理

定植时浇足定植水，抽蔓时浇一次促蔓水，并随水追施尿素 15kg，磷酸二铵 10kg，硫酸钾 5kg。坐瓜前后严格控制浇水，防止瓜秧旺长，引起落花落果。坐瓜后植株需水需肥量增大，根据结瓜期长短适当追肥 1~2 次，每次每亩冲施硝酸钾 20kg、磷酸二氢钾 10kg，或充分腐熟的粪肥 800~1 000kg，并交替喷施叶面肥 0. 2%磷酸二氢钾、甜瓜专用叶面肥、1%的过磷酸钙浸出液、葡萄糖等。

三、露地地膜覆盖薄皮甜瓜栽培

（一）整地作畦

选择地势高、排水良好、土层深厚的沙壤土或壤土，结合整地每亩施入腐熟优质有机肥 4~5m^3，过磷酸钙 50kg。南方地区采用高畦深沟栽培，华北、东北地区多做成平畦，西北干旱少雨地区采用沟畦。

（二）播种定植

直播或育苗移栽均可，一般在露地断霜后播种或定植。露地直播采用干籽或催芽后点播。育苗移栽多采用小拱棚营养钵育苗，苗龄30~35 天，3~5 片真叶时定植。种植密度因品种和整枝方式而异，一般每亩定植 1 000~1 500株。宜采取大小行栽苗，大行距 2~2. 5m，小行距 50cm，株距 30~60cm。

（三）田间管理

在底肥施足、土壤墒情较好的情况下，结瓜前控制肥水，加强中耕，以促进根系生长，防止落花落果。若土壤墒情不足且幼苗生长瘦弱，可结合浇水追施一次提苗肥，每亩追施磷酸二铵 10kg，结瓜后应保证肥水充足供应。瓜蔓伸长后，应及早引蔓、压蔓，使瓜蔓按要求的方向伸长。整枝方式各地差别较大，以主蔓或子蔓结瓜为主的小果型品种密集早熟栽培多采取单蔓整枝；以孙蔓结瓜为主的中、小型品种密集早熟栽培多采取双蔓整枝；中、晚熟品种高产栽培宜采取多蔓整枝。

小果型品种密集栽培每株留瓜 2~4 个，稀植时留瓜 5 个以上；大果型品种每株留瓜 4~6 个。

四、收获

甜瓜采收要求严格，采收标准为果实充分长大，果皮呈现出本品种固有的特征特性。无网纹品种果实表面光滑发亮，茸毛消退；网纹品种果面上网纹清晰、干燥、色深，果皮坚硬，散发出本品种特有的芳香气味。瓜柄发黄或自行脱落，着瓜节的叶片叶肉部分失绿斑驳，卷须干枯。用手掌拍瓜，声音浑浊。

采瓜宜在午后或傍晚进行，采瓜时用剪刀剪切，留下果柄及其两侧 5cm 左右的子蔓，耐储且美观。

第十二节 冬 瓜

一、冬瓜栽培方式

冬瓜栽培方式可分为地冬瓜、棚冬瓜和架冬瓜三种。

(一) 地冬瓜

植株爬地生长，株行距较稀，一般每亩种植 300 株左右，管理比较粗放，茎蔓基本上放任生长或结果前摘除侧蔓，结果后任意生长。其优点是花工少，成本较低。缺点是瓜型欠佳，经常扶瓜；否则畸形果率高；果皮易受外界环境影响而破损，影响耐贮性；光能利用低，结果大小不均匀，单位面积产量较低。该方式只适用于国内销售的灰皮冬瓜品种，而对于商品性要求较高的北运或出口品种，如“青皮冬”“黑皮冬”和“青杂 1 号”则不适用。

(二) 棚冬瓜

植株抽蔓后用竹木搭棚引蔓，有高棚和矮棚之分。高棚一般高为 150~200cm，矮棚一般高 60~80cm，棚宽 250~300cm。瓜农一般采用矮棚方式为多。植株上棚以前摘除侧蔓，上棚以后茎蔓任意生长。棚冬瓜的坐果比地冬瓜好，果实大小比较均匀，单位面积产量一般比地冬瓜高，但基本上仍是利用平面面积，不利密植，一般只能在瓜蔓上棚前间套种，不能充分利用空间，且搭棚材料多，成本高。近年来，为省材料、省成本和省工，开始推广一种改良式的网棚架，即先用木桩、铁丝搭一个基本棚架，再覆盖编织好的尼龙丝网。尼龙网最少可使用三次，搭架非常方便省工。

(三) 架冬瓜

支架的形式有多种。有“一条龙”，即每株 1 桩，在 130~

150cm 高处，用横竹连贯固定；有“人字架”；有“一星鼓架龙眼”和“四星鼓架龙眼”，即用 3 或 4 根竹竿搭成鼓架，各鼓架上用横竹连贯固定，1 株 1 个鼓架。架冬瓜形式虽多种多样，但都结合植株调整，较好地利用空间，提高坐果率并使果实大小均匀，有利于提高产量与质量；也利于间套作，增加复种次数；而又比棚冬瓜节省架材，降低成本。在目前条件下，架冬瓜是 3 种栽培方式中比较合理、比较科学的一种方式。

二、栽培季节、播种育苗及种植密度

（一）栽培季节

冬瓜喜温、耐热，为获得丰产，应选择冬瓜坐果和果实发育的适宜气候条件栽植。气候条件对冬瓜坐果率的影响最大，因此，在季节安排方面要特别加以注意。天气晴朗、气温较高、湿度较大等条件有利于坐果；空气干燥，气温低和阴雨天，昆虫活动少，不利于授粉，且降低柱头的受粉能力，因而坐果差。根据冬瓜对光温条件需求的特点，由于冬春季节气温多在 20℃以上，阳光充足，整个冬春季均可播种，并可正常开花结果；而海南省北部的文昌、澄迈、琼山、定安、临高等市县，在冬春季节，特别是在 1 月上旬至 2 月下旬，常有低于 15℃ 的低温阴雨天气出现，因此，在播种时就要特别注意，尽量避免使栽植的冬瓜在这段时间内开花结果。冬瓜的播种，除考虑气候因素外，也应注意考虑市场因素。

（二）播种育苗

冬春季栽培冬瓜，由于常受低温的影响，宜采取营养钵育苗。所需营养土要提前制备，可选用烤晒过筛的肥沃园土，腐熟猪、牛粪渣，谷壳灰或椰糠等混合而成。三者体积比约为 6∶2∶2，另可加少量氮磷钾复合肥，其加入量一般以控制在 0.2%~0.3%为宜，并要求弄细混匀，以防伤种伤根。冬瓜种子催芽一般用50～55℃温水先浸10～15min（边浸边搅拌），然后再在常温下继续浸10～12h最好，放在30℃左右温度下催芽。浸种时间较长，发芽较快、较整齐，一天半至两天时间，便大部分发芽；浸种时间较短，发芽势较差。种皮光滑无缘的种（如青皮冬瓜种子），由于种子通透性差，催芽时容易引起缺氧烂种，发芽率低。因此，对这类种子催芽，须先用细沙擦洗种皮，除去黏附物，并放在28～30℃恒温条件下催芽。未发芽前，每天早晚分别用清水漂洗种子1次，并及时将水分滤干，再继续催芽。若没有恒温设备，则宜采取浸种后直播到育苗袋或苗床上较为安全。

三、选地整地，施足基肥

冬瓜的根系非常发达，且生长期长，为了获取较高产量，必须选择土层深厚，有机质丰富pH值为6～6.5的沙壤土到黏壤土种植；同时，为了避免冬春季栽培的冬瓜苗期遇到寒潮和前期春旱，后期夏雨，以选择背北向南、排灌方便的田块为宜；秋冬瓜常遇台风雨影响，选地应以灌排水方便的坡旱地为宜。

瓜地选好后，应尽早深翻耕耙，其深度以30cm左右为好。冬春季栽培的冬瓜，以排灌方便的晚稻田为好。在晚稻收割后应及早犁田晒白，植前再耕耙整细。整地后应计划好种植规则，做好畦面；然后，在畦面上再起垄，垄宽80～100cm，垄高30cm左右，垄的两边各留半畦，垄与半畦之间留有浅沟，以备抽蔓期培垄追肥之用。植穴顺垄按株距而定，穴深约30cm，穴宽约40cm。冬瓜的生长期较长，且根系的吸收能力强，因此，应施足基肥。基肥一般以优质农家肥为主，每亩2 000kg以上，豆饼30～50kg，过磷酸钙40～50kg，经堆沤后拌匀沟施或穴施，并与土壤充分混匀后播种或定植。对于壤质土或黏质土，在有条件时，每亩还可用三元复合肥30～40kg，尿素15～20kg，进行全层混施，以满足养分的均衡供给。而对沙质较重的土壤，则应减量施用，以防引起肥害。

四、地膜覆盖，保证高产稳产

冬瓜地摸覆盖栽培，由于能创造出较优越的温、光、水、肥、土等栽培环境条件，促进了冬瓜的根系和植株的生长与发育，减轻了某些病虫及寒冷、干旱、暴雨等的为害。因而，能获得明显的增产效果。冬春季地膜覆盖栽培冬瓜，一般比露地栽培增产30%~50%；在恶劣天气条件下，有时增产甚至达1倍以上。

地膜覆盖栽培冬瓜，其方式一般只在种瓜垄上覆盖即可。地膜幅宽选用80~120cm，颜色有白色、黑色及银灰色等多种。白色膜增温效果好，但杂草易于生长，覆膜前必须先喷一次芽前除草剂，如丁草胺或乙草胺等，每亩用药量为75~100ml，对水约30kg喷土面，然后再覆膜；黑色膜增温效果稍差，但可以防除杂草发生；银灰色膜则能驱避蚜虫，减少病毒病的发生和传播。覆膜前，一定要注意将地整平整细，施足基肥，并保持土壤湿润。覆膜时，一定要拉平薄膜，并压紧膜边防牢。覆膜后种瓜时，要注意淋足定根水，并将开口处用细土封盖好。此后注意不能使膜内湿度过大，以免造成沤根。只要在盖膜时土壤湿润，一般移苗后约20天内，都不需要再浇水。以后缺水时，应采取沟灌的方法，并只灌半沟水即可。

第十三节 马铃薯

一、栽培季节和茬次安排

马铃薯栽培茬次安排的总原则是把结薯期放在温度最适宜的季节，土温16~18℃，白天气温20~25℃和夜间气温12~14℃的时期。各地可选择适宜时间进行春播夏收或春播秋收的露地栽培或地膜覆盖栽培；北方地区可以利用地膜加小拱棚、塑料大棚、温室等设施进行马铃薯冬春栽培。

二、整地施肥

尽量选择地势平坦、土层肥厚、微酸性的壤土茬。忌与茄科作物（如番茄、茄子、辣椒等）轮作，马铃薯是高产喜肥作物，需施足基肥。结合翻地施入腐熟农家肥每亩 5 000kg，过磷酸钙每亩 25kg，硫酸钾每亩 15kg。依当地气候条件可垄作、畦作或平作。

三、种薯处理

选择薯皮光滑，颜色鲜正，大小适中，无病、无冻害、芽眼多、薯形正常的薯块作种薯，用种量每亩 120～150kg。在播种前 20～30 天催芽。催芽前晒种利于早发芽、发壮芽。于晴天 10—15 时把筛选好的薯种放在棚架、草苫或席上，让太阳光直接照射，晒 2～3 次。

切薯块在催芽前 1～2 天进行，每块至少要有 1 个芽眼，块重 25～50g。薯块切面若发现有乳黄色环状或枯竭变黑等症状时，应丢弃该种薯，并用 1%高锰酸钾或福尔马林或 800 倍液 50%多菌灵或 70%酒精液擦涂茬体，或用水冲洗茬体，避免茬体污染其他种薯。切块后用 50%多菌灵 500 倍液或 0. 05%高锰酸钾溶液浸种 5～10min，捞出晾干用草木灰拌种，具有补钾、抗旱、抗寒、抗病虫的作用。

稍晾即可催芽。在 15～18℃ 温度条件下暖种催芽，每亩 10～15kg。

当芽长至 1～2cm 时，即可在大田中移栽播种。

四、播种

播种前 3～4 天，可将发芽的种块放在阳光下晾晒，薯芽变绿并略带紫色即可播种，注意温度应保持在 10～15℃，使芽粗壮，提高抗逆性。春播马铃薯应适时早播，一般来说，应当以当地终霜日期为界，并向前推 30~40 天为适宜播种期。播种时行距 30cm，株距 30~33cm，窝深 10cm，马铃薯芽眼朝下，然后覆土 3cm 左右。栽植 4 500~5 000株/亩。播前土壤墒情不足，应在播前造底墒，或于播种后浇水。

五、田间管理

小苗出土后引苗露出地膜上，苗四周培土似露非露，严防烧苗、毁苗的损伤，也有利于保墒增温。苗期结合浇水施提苗肥，每亩施尿素 15~20kg，浇水后及时中耕，中耕一般结合培土，可防止“露头青”，提高薯块质量。发棵期控制浇水，土壤不旱不浇，只进行中耕保墒，植株将封垄时进行大培土。培土时应注意不要埋没主茎的功能叶。结薯期土壤应保持湿润，尤其是开花前后，防止土壤干旱。在马铃薯始花期到盛花期用 5ml 烯效唑 1 支对水 8L，用量每亩 30ml，均匀喷洒在植株上，可起到增强植株抗性、减轻病害、防止徒长、提早成熟和提高产量的作用，一般可增产 10%~15%。追施钾肥以现蕾初期效果最佳，每亩施入硫酸钾 10~15kg，块茎产量提高显著。

六、收获

大部分茎叶由绿变黄为成熟收获期。收获时要防止烈日暴晒。大面积收获应提前 2~3 天割去地上茎叶，待马铃薯表皮老化即可开挖收获。

第十四节 菜　豆

一、品种选择

选用熟期适宜、丰产性好、生长势强、优质、综合抗性好的品种，如2504架豆、绿龙菜豆、烟芸3号、双丰1号，泰国架豆王等。

二、种子处理

选择子粒饱满、有光泽的新种子，剔去有病斑、虫伤、霉烂、机械混杂或已发芽种。选晴天中午暴晒种子2~3天，进行日光消毒和促进种子后熟，提高发芽势，使发芽整齐。

三、培育壮苗

春茬菜豆的适宜苗龄为25~30天，需在温室内育苗。用充分腐熟的大田土作为营养土（土中忌掺农家肥和化肥，否则易烂种）。播种前先将菜豆种子晾晒2天，用福尔马林300倍液浸种4h用清水冲洗干净。然后将种子播于7cm×7cm的营养钵中，每钵播3粒，覆土2cm，最后盖膜增温保湿。出苗前不通风，白天气温保持18~25℃，夜间在13~15℃；出苗后，日温降至15~20℃，夜温降至10~15℃。第1片真叶展开后应提高温度，日温20~25℃，夜温15~18℃，以促进根、叶生长和花芽分化。定植前4~6天逐渐降温炼苗，日温15~20℃，夜温10℃左右。菜豆幼苗较耐旱，在底水充足的前提下，定植前一般不再浇水。苗期尽可能改善光照条件，防止光照不足引起徒长。幼苗3~4片叶时即可定植。

四、整地定植

选择土层深厚、排水通气良好的沙壤土地块栽培。定植前结合精细整地施入充分腐熟的有机肥每亩4 000~5 000kg、三元复合肥或磷酸二铵每亩30~40kg做基肥。

定植一般在3月中旬前后，苗龄30天左右，采用高垄地膜覆盖法，垄高20~23cm，大行距60~70cm，小行距45~50cm，穴距28~30cm，每穴双株，栽4 000~6 000株/亩。

五、定植后的管理

定植后闭棚升温，日温保持在25～30℃，夜温保持在20～25℃。缓苗后，日温降至20～25℃，夜温保持在15℃。前期注意保温，3月后外界温度升高，注意通风降温。进入开花期，日温保持在22～25℃，有利于坐荚。当棚外最低温度达23℃以上时昼夜通风。

菜豆苗期根瘤固氮能力差，管理上应施肥养蔓，及时搭架引蔓，防止相互缠绕，可在缓苗后追施尿素每亩15kg，以利根系生长和叶面积扩大。开花结荚前，要适当蹲苗控制浇水，一般“浇荚不浇花”，否则易引起落花落荚。当第1花序嫩荚坐住长到半大时，结合浇第1次水冲施三元复合肥每亩10～15kg，以后每采收1次追肥1次，浇水后注意通风排湿。

结荚后期，及时剪除老蔓和病叶，以改善通风透光条件，促进侧枝再生和潜伏芽开花结荚。

六、采收

菜豆开花后10～15天，可达到食用成熟度。采收标准为豆荚由细变粗，荚大而嫩，豆粒略显。结荚盛期，每2～3天可采收1次。用拧摘法或剪摘法及时采收，采收时要注意保护花序和幼荚采大留小，采收过迟，容易引起植株早衰。

第十五节　菠　菜

一、茬口安排

菠菜在日照较短和冷凉的环境条件下有利于叶簇的生长，而不利于抽薹开花。菠菜栽培的主要茬口类型有早春播种，春末收获，称春菠菜；夏播秋收，称秋菠菜；秋播翌春收获，称越冬菠菜；春末播种，遮阳网、防雨棚栽培，夏季收获，称夏菠菜。大多数地区菠菜的栽培以秋播为主。

二、土壤的准备

播种前整地深25~30cm，施基肥，作畦宽1.3~2.6m，也有播种后即施用充分腐熟粪肥，可保持土壤湿润和促进种子发芽。

三、种子处理和播种

菠菜种子是胞果，其果皮的内层是木栓化的厚壁组织，通气和透水困难。为此，在早秋或夏播前，常先进行种子处理，将种子用凉水浸泡约12h，放在4℃条件下处理24h，然后在20~25℃条件下催芽，或将浸种后的种子放入冰箱冷藏室中，或吊在水井的水面上催芽，出芽后播种。菠菜多采用直播法，以撒播为主，也有条播和穴播的。在9—10月播种，气温逐渐降低，可不进行浸种催芽，每公顷播种量为50~75kg。在高温条件下栽培或进行多次采收的，可适当增加播种量。

四、施肥

菠菜发芽期和初期生长缓慢，应及时除草。秋菠菜前期气温高，追肥可结合灌溉进行，可用20%左右腐熟粪肥追肥；后期气温下降，追肥浓度可增加至40%左右。越冬的菠菜应在春暖前施足肥料，在冬季日照减弱时应控制无机肥的用量，以免叶片积累过多的硝酸盐。分次采收的，应在采收后追肥。

五、采收

秋播菠菜播种后30天左右，株高20~25cm可以采收。以后每隔20天左右采收1次，共采收2~3次，春播菠菜常1次采收完毕。

第十六节　芹　菜

一、茬口安排

芹菜最适宜于春、秋两季栽培，而以秋栽为主。因幼苗对不良环境有一定的适应能力，故播种期不严格，只要能避过先期抽薹，并将生长盛期安排在冷凉季节就能获得优质丰产。

二、日光温室秋冬茬芹菜栽培技术

（一）育苗

（1）播种。宜选用实心品种。定植每亩需 200g 种子、$50m^2$ 左右的育苗床。苗床宜选择地势高燥、排灌便利的地块，做成 1.0~1.5m 宽的低畦。种子用 5mg/L 的赤霉素或1 000mg/L的硫脲浸种 12h 后掺沙撒播。播前把苗床浇透底水，播后覆土厚度不超过 0.5cm，搭花阴或搭遮阴棚降温，亦可与小白菜混播。播后苗前用 25%除草醚可湿性粉剂 11.25~15kg/hm^2 对水 900~1 500kg喷洒。

（2）苗期管理。出苗前保持畦面湿润，幼苗顶土时浅浇 1 次水，齐苗后每隔 2~3 天浇 1 次水，宜早晚浇。小苗长有 1~2 片叶时覆 1 次细土并逐渐撤除遮阴物。幼苗长有 2~3 片叶时间苗，苗距 2cm 左右，然后浇 1 次水。幼苗长有 3~4 片叶时结合浇水追施少量尿素（75kg/hm^2），苗高 10cm 时再随水追 1 次氮肥。苗期要及时除草。当幼苗长有 4~5 片叶、株高 13~15cm 时定植。

（二）定植

土壤翻耕、耙平后先做成 1m 宽的低畦，再按畦施入充分腐熟的粪肥 45 000~75 000kg/hm^2，并掺入过磷酸钙 450kg/hm^2，深翻 20cm，粪土掺匀后耙平畦面。定植前 1 天将苗床浇透水，并将大小苗分区定植，随起苗随栽随浇水，深度以不埋没菜心为度。定植密度：洋芹 24~28cm，本芹 10cm。

（三）定植后管理

（1）肥水管理。缓苗期间宜保持地面湿润，缓苗后中耕蹲苗促发新根，7~10 天后浇水追肥（粪稀 15 000kg/hm^2），此后保持地面经常湿润。20 天后随水追第 2 次肥（尿素 450kg/hm^2），并随着外界气温的降低适当延长浇水间隔时间，保持地面见干见湿，防止湿度过大感病。

（2）温、湿度调控。芹菜敞棚定植，当外界最低气温降至 10℃以下时应及时上好棚膜。扣棚初期宜保持昼夜大通风；降早霜时夜间要放下底角膜；当温室内最低温度降至 10℃时，夜间关闭放风口。白天当温室内温度升至 25℃时开始放风，午后室温降至 15~18℃时关闭风口。当温室内最低温度降至 7~8℃时，夜间覆盖草苫防寒保温。

三、露地秋茬芹菜栽培技术

露地秋茬芹菜育苗技术和定植方法、密度与日光温室秋冬茬芹菜的相似。前茬宜选择春黄瓜、豆角或茄果类，选择排灌便利的地块栽培芹菜。播种前对种子进行低温处理，可促进种子发芽。

露地秋茬芹菜定植后缓苗期间宜小水勤浇，保持地表湿润，促发根缓苗。缓苗后结合浇水追 1 次肥（尿素 150~225kg/hm^2），然后连续进行浅中耕，促叶柄增粗，蹲苗 10 天左右。此后一直到秋分前每隔 2~3 天浇 1 次水，若天气炎热则每天小水勤浇。秋分后株高 25cm 左右时，结合浇水追第 2 次肥（尿素 300~375kg/hm^2）。株高 30~40cm 时，随水追第 3 次肥并加大浇水量，地面勿见干。霜降后，气温明显降低，应适当减少浇水，否则影响叶柄增粗。准备储藏的芹菜应在收获前 1 周停止浇水。

第十七节 莴　笋

一、露地莴苣栽培技术

（一）莴笋栽培技术

1. 春莴笋

（1）播种期。在一些露地可以越冬的地区常实行秋播，植株在6~7片真叶时越冬。春播时，各地播种时间比早甘蓝稍晚些，一般均进行育苗。

（2）育苗。播种量按定植面积播种1kg/hm² 左右，苗床面积与定植面积之比约为1∶20。出苗后应及时分苗，保持苗距4~5cm。苗期适当控制浇水，使叶片肥厚、平展，防止徒长。

（3）定植。春季定植，一般在终霜前10天左右进行。秋季定植，可在土壤封冻前1个月的时期进行。定植时植株带6~7cm长的主根，以利缓苗。定植株行距分别为30~40cm。

（4）田间管理。秋播越冬栽培者，定植后应控制水分，以促进植株发根，结合中耕进行蹲苗。土地封冻以前用马粪或圈粪盖在植株周围保护茎以防受冻，也可结合中耕培土围根。返青以后要少浇水多中耕，植株“团棵”时应施1次速效性氮肥。长出两个叶环时，应浇水并施速效性氮肥与钾肥。

（5）收获。莴笋主茎顶端与最高叶片的叶尖相平时（“平口”）为收获适期，这时茎部已充分肥大，品质脆嫩，如收获太晚，花茎伸长，纤维增多，肉质变硬甚至中空。

2. 秋莴笋

秋莴笋的播种育苗期正处高温季节，昼夜温差小，夜温高，呼吸作用强，容易徒长，同时播种后的高温长日照使莴笋迅速花芽分化而抽薹，所以能否培育出壮苗及防止未熟抽薹是秋莴笋栽培成败的关键。

选择耐热不易抽薹的品种，适当晚播，避开高温长日照期间。培育壮苗，控制植株徒长。定植时植株日历苗龄在25天左右，最长不应超过30天，4~5片真叶大小。注意肥水管理，防止茎部开始膨大后的生长过速，引起茎的品质下降。

（二）结球莴苣栽培技术

结球莴苣耐寒和耐热能力都较弱，主要安排在春、秋两季栽培。春茬在2—4月，播种育苗。秋季在8月育苗。3片真叶时进行分苗，间距6cm×6cm。5~6片叶时定植，株行距各25~30cm。栽植时不易过深，以避免田间发生叶片腐烂。缓苗后浇1~2次水，并结合中耕。进入结球期后，结合浇水，追施硫酸铵200~300kg/hm^2。结球前期要及时浇水，后期应适当控水，防止发生软腐和裂球。

春季栽培时，结球莴苣花薹伸长迅速，收获太迟会发生抽薹，使品质下降。结球莴苣质地嫩，易碰伤和发生腐烂，采收时要轻拿轻放。

二、保护地莴苣栽培

根据栽培地的特点以及保护地的不同类型，不同的栽培季节所创造的温度条件，合理地安排育苗和定植期是非常重要的。

（一）叶用莴苣的保护地栽培

1. 莴苣育苗技术

（1）种子处理。播种可用干籽，也可用浸种催芽。用干籽播种时，播种前用相当于种子重量0.3%的75%百菌清粉剂拌种，拌后立即播种，切记不可隔夜。浸种催芽时，先用20℃左右清水浸泡3~4h，搓洗捞出后控干水，装入纱布袋或盆中，置于20℃处催芽，每天用清水淘洗1次，同样控干继续催芽，2~3天可出齐。夏季催芽时，外界气温过高，要置于冷凉地方或置于恒温箱里催芽，温度掌握在15~20℃。

（2）播种。选肥沃沙壤土地，播前7~10天整地，施足底肥。栽培田需要苗床6~10m²/亩，用种30~50g。苗床施过筛粪肥10kg/10m²，硫酸铵0.3kg、过磷酸钙0.5kg和氯化钾0.2kg，也可用磷酸二铵或氮磷钾复合肥折算用量代替。整平作畦，播前浇足水，水渗后，将种子混沙均匀撒播，覆土0.3~0.5cm。高温时期育苗时，苗床也需遮阳防雨。

（3）播后及苗期管理。播后保持20~25℃，畦面湿润，3~5天可出齐苗。出苗后白天18~20℃，夜间1~8℃。幼苗在两叶一心时，及时间苗或分苗。间苗苗距3~5cm；分苗在5cm×5cm的塑料营养钵中。间苗或分苗后，可用磷酸二氢钾喷或随水浇1次。苗期喷1~2次75%百菌清或甲基托布津防病。苗龄期在25~35天长有4~5片真叶时定植。

2. 定植后田间管理

定植后一般分2~3次追肥。定植后7~10天结合浇水追肥，一般追速效肥。早熟种在定植后15天左右，中晚熟种在定植后20~30天，进行1次重追肥，用硝铵10~15kg/亩，以后视情况再追1次速效氮肥。

结球莴苣根系浅，中耕不宜深，应在莲座期前中耕1~2次，莲座期后基本不再中耕。

3. 采收

结球莴苣成熟期不很一致，要分期采收，一般在定植后35~40天即可采收。采收时叶球宜松紧适中，成熟差的叶球松，影响产量；而收获过晚，叶球过紧容易爆裂和腐烂。收割时，自地面割下，剥除地面老叶，若长途运输或储藏时要留几片外叶来保护主球及减少水分散失。

（二）茎用莴苣（莴笋）的保护地栽培

莴笋育苗和定植可参照结球莴苣的方式进行。定植缓苗后要先蹲苗后促苗。一般是在缓苗后及时浇 1 次透水，接着连续中耕 2~3 次，再浇 1 次小水，然后再中耕，直到莴笋的茎开始膨大时结束蹲苗。

在缓苗后结合缓苗水追肥 1 次，当嫩茎进入旺盛生长期再追肥一次，每次追施硝酸铵 10~15kg。

在嫩茎膨大期可用 500~1 000mg/L 青鲜素进行叶面喷洒一次，在一定程度上能抑制莴笋抽薹。

莴笋成熟时心叶与外叶最高叶一齐，株顶部平展，俗称"平口"。此时嫩茎已长足，品质最好，应及时收获。生长整齐 2~3 次即可收完，用刀贴地割下，顶端留下 4~5 片叶，其他叶片去掉，根部削净上市。

第十八节　萝　卜

一、秋萝卜

（一）选地

萝卜品种有长根型和短根型之分，长根型品种选择土层深厚、土质疏松的沙壤土或沙土；肉质根全部或大部深埋于土中的品种，选地要求更高。短根型品种不如长根型品种要求严格。萝卜不宜连作，应尽量避免与十字花科蔬菜连茬种植。

（二）整地

播种前数天进行深耕晒垡。每亩施腐熟有机肥2 000~2 500kg、过磷酸钙 20~30kg、硫酸钾 30~40kg 作基肥。复耕 1~2 次后作高畦，畦宽连沟 1.5m。畦长保持 15m 左右，超过 15~20m 的要增加横沟（俗称腰沟），横沟深度应超过畦沟，并与排水沟相通。

（三）播种

圆根型品种多行条播，行距 30~40cm，株距 20cm，每亩用种量300~400g；樱桃萝卜一般采用撒播，每亩用种量800~1 000g。长根型品种都行点播，行距40~50cm，株距30~40cm，每穴播种子1~2粒，每亩用种量200~300g。播种时如土壤水分不足，播前先浇水，或播后轻浇水。播种后盖土厚度约2cm。覆土过浅，土壤易干，且出苗后易倒伏，造成胚轴弯曲、根形不直；覆土过深，影响出苗的速度，还影响肉质根的长度和颜色。

（四）管理

出苗后间苗要及时，一般进行2次，2片真叶时第1次间苗，在4~5片真叶时第2次间苗，同时结合定苗。萝卜施肥以基肥为主，追肥宜早，第1次间苗后追施1次氮肥，定苗后再施1次，以后不再追肥，以免引起叶丛徒长，影响肉质根的膨大。萝卜叶面积大而根系弱，抗旱力较差，需适时适量供给水分。如遇干旱要及时浇水，保持土壤湿润。生长前期缺水，叶片不能充分长大，产量低，需要少水勤浇；叶片生长盛期，不干不浇，地发白才浇，但水量较之前要多；根部生长盛期应充分均匀供水，保持土壤湿度为70%~80%；根部生长后期仍应适当浇水，防止出现空心；肉质根膨大盛期，空气湿度为80%~90%，则品质优良。秋萝卜要进行中耕除草，间苗、定苗时各进行1次，同时结合清沟进行培土。

二、夏秋萝卜

（一）整地作畦

选择前茬非十字花科作物、地势高爽、排灌两便的沙壤土或壤土为宜。高畦栽培，三沟配套，夏季栽培品种生育期较短，每亩施腐熟有机肥2 000kg，25%蔬菜专用复合肥20kg，撒施均匀后进行旋耕，作畦同秋季栽培。

（二）播种

夏萝卜一般在5—6月播种，采取条播，行株距均为

20~30cm。

（三）管理

夏季栽培为防暴雨冲刷，可采取搭小拱棚或适当遮阳网覆盖栽培，田间干旱需及时浇水。浇水注意尽量在傍晚进行，台风暴雨要及时排干田间积水，做到雨停沟干。其他管理措施同秋季栽培。

三、春萝卜

（一）选地、整地

同秋季栽培。

（二）播种

春萝卜播种期在2月中旬至3月下旬，冬性强的品种如上海小红于2月中下旬至3月播种，扬州小红、天春大根等以3月播种为宜，过早容易先期抽薹。春萝卜短根型小萝卜品种可采取撒播、直播，每亩用种量600~800g。其余品种都取条播或穴播，每亩用种量300~400g。

（三）管理

同秋季栽培。

（四）采收

短根型小萝卜品种播种后50~60天采收。上市时可将3~5只萝卜连同叶片扎成1束。樱桃萝卜20~30天采收，8~10只扎成1束。

第十九节　胡萝卜

一、栽培季节与茬口安排

胡萝卜一般分为春、秋两季栽培，以秋季为主。少数地区有春、夏、秋三季栽培。秋胡萝卜多于7—8月播种，11—12月收获。春胡萝卜多于2月播种，5—7月收获。夏胡萝卜主要在北方或高山气温较低的地区栽培，其播种期可比秋胡萝卜提前15~20天。

二、秋胡萝卜栽培技术

（一）整地、施肥、作畦

前茬作物采收后及时清园，深耕细耙，耕地时每亩施入腐熟细碎农家肥3 000~4 000kg，草木灰100~200kg，过磷酸钙10~15kg作基肥。一般作平畦，畦宽1.2~1.5m。

（二）播种

华北地区一般在7月上旬至中旬播种，11月上中旬收获。长江中下游地区于8月上旬播种，11月底收获。广东、福建等地于8—10月可随时播种，冬季随时收获。高纬度地区播种期可适当提早，如新疆北部地区应于6月上旬播种，10月初收获。由于胡萝卜是以果实作播种材料，果皮革质不易透水，上面还有刺毛，而且许多果实种胚发育不全，因此种子的发芽率较低，一般只有70%左右，陈年种子发芽则更差。所以必须选用新种子，播前搓去果实表面的刺毛，再经浸种催芽处理，然后播种。播种方法有撒播与条播两种，撒播每亩需种子1~1.5kg；条播按行距17cm开沟，沟深3~4cm，先沿沟浇底水造墒，待水渗入土壤后将种子播入，覆土1~2cm并稍加镇压。

（三）田间管理

条播或撒播的幼苗出土后及时间苗。在两三片真叶时进行第1次间苗，株距3cm，并在行间进行浅中耕，促使幼苗生长。幼苗四五片真叶时进行第2次间苗，保持株距10~17cm，并进行中耕除草1次。早熟品种、小型肉质根品种适当密些，反之则稀些。一般追肥两次，第1次追肥在幼苗三四片真叶时进行，每亩可追施硫酸铵 2~4kg、过磷酸钙 3~3.5kg、钾肥 1.5~2kg。第 1 次追肥后 20~25 天进行第 2 次追肥，每亩施入硫酸铵 7kg、过磷酸钙 3~3.5kg、氯化钾 3~3.5kg。胡萝卜的抗旱性较萝卜强，但整个生长期都应保持土壤湿润，以利于植株生长和肉质根形成。在夏、秋干旱时，特别是在肉质根膨大时，要适量增加浇水，才能获得优质、高产。若供水不足，根部瘦小粗糙；供水不匀，肉质根易开裂。

三、春胡萝卜栽培技术

春胡萝卜一般于春季播种，夏季收获。由于这一茬口外界气温先低后高，不符合胡萝卜生长发育对环境条件的要求，容易发生未熟抽薹，再加之生长期短，产量较低。如采取一定的技术措施，管理得当，也能获得较好的经济效益。第一，应选择耐低温、冬性强、不易抽薹的品种，如三寸、五寸、黄胡萝卜等品种。第二，合理安排播种期，当外界平均气温稳定在 6~8℃时要及早播种，有条件的可进行简易保护设施栽培。第三，播前对种子进行浸种催芽处理，以提高发芽率和出苗速度。第四，最好采用垄作，以利于提高地温，也可进行畦播。垄作时垄高 8~10cm，垄顶开 1~1.5cm 浅沟进行条播，条播后覆土 1~1.5cm，稍加镇压，最后垄上覆盖地膜。出苗齐苗后揭去地膜。第五，在田间管理上前期以增温、保湿为主，后期随植株生长可加大肥水管理。

第四章　果茶绿色生态种植技术

第一节　苹　果

一、萌芽期

（1）萌芽前整地、中耕除草。全园喷 1 次杀菌剂，可选用 10%果康宝、30%腐烂敌或腐必清、3~5 波美度石硫合剂或 45%晶体石硫合剂。

（2）花芽膨大期，对花量大的树进行花前复剪；追施氮肥，施肥后灌一次透水，然后中耕除草。丘陵山地果园进行地膜覆盖穴贮肥水。

（3）花序伸出至分离期，按间距法进行人工疏花，同时，疏去所留花序中的部分边花。全树喷 50%多菌灵可湿性粉剂（或 10%多抗霉素、50%异菌脲）加 10%吡虫啉。上年苹果棉蚜、苹果瘤蚜和白粉病发生严重的果园，喷一次毒死蜱加硫黄悬浮剂。

（4）随时刮除大枝、树干上的轮纹病瘤、病斑及腐烂病和干腐病病皮，并涂腐殖酸铜水剂（或腐必清、农抗 120、843 康复剂）杀菌消毒。

二、开花期

（1）人工辅助授粉或果园放蜂传粉，壁蜂授粉。

（2）盛花期喷 1%中生菌素加 300 倍硼砂防治霉心病和缩果病；喷保美灵、高桩素以端正果形，提高果形指数；喷稀土微肥、增红剂 1 号促进苹果增加红色；花量过多的果园进行化学疏花。

（3）对幼旺树的花枝采用基部环剥或环割，提高坐果率。

三、幼果期

（1）花后及时灌水 1~2 次。结合喷药，叶面喷施 0.3%尿素或氨基酸复合肥、0.3%高效钙 2~3 次。清耕制果园行内及时中耕除草。

（2）花后 7~10 天，喷 1 次杀菌剂加杀虫杀螨剂。可选用 50%多菌灵可湿性粉剂（或 70%甲基硫菌灵）加入四螨嗪或三唑锡。花后 10 天开始人工疏果，疏果需在 15 天内完成。疏果结束后，果实套袋前 2~3 天，全园喷 50%多菌灵可湿性粉剂（或 70%代森锰锌可湿性粉剂、50%异菌脲可湿性粉剂）加入 25%除虫脲或 25%灭幼脲、20%氰戊菊酯。施药后 2~3 天红色品种开始套袋，同一果园在 1 周内完成。监测桃小食心虫出土情况，并在出土盛期地面喷布辛硫磷或毒死蜱。

（3）夏季修剪。应及时疏除萌蘖枝及背上徒长枝。对果台副梢和结果组中的强枝摘心，对着生部位适当的背上枝、直立枝进行扭梢。

四、花芽分化及果实膨大期

（1）采用 1：2：200 波尔多液与多菌灵、甲基硫菌灵、代森锰锌等杀菌剂交替使用。防治轮纹病、炭疽病，每隔 15 天左右喷药 1 次，重点在雨后喷药。斑点落叶病病叶率 30%~50%时，喷布多抗霉素或异菌脲。未套袋果园视虫情继续进行桃小食心虫地面防治，然后在树上卵果率达1%~1.5%时，喷联苯菊酯或氯氟氢菊酯或杀铃脲悬浮剂，并随时摘除虫果深埋。做好叶螨预测预报，每片叶有 7~8 头活动螨时，喷三唑锡或四螨嗪。腐烂病较重的果园，做好检查刮治及涂药工作。

（2）春梢停长后，全园追施磷钾肥，施肥后浇水，以后视降水情况进行灌水。覆盖制果园进行覆盖，清耕制果园灌水后及时中耕除草，生草剂果园刈割后覆盖树盘。晚熟品种在果实膨大期可追1次磷钾肥，并结合喷药叶面喷施2~3次0.3%磷酸二氢钾溶液。

（3）提前进行销售准备工作。早熟品种及时采收并施基肥。

（4）继续做好夏季修剪工作。山地果园进行蓄水，平地果园及时排水。

五、果实成熟与落叶期

（1）采收前20~30天红色品种果实摘除果袋外袋，经3~5天晴天后摘除内袋。同时（采前20天），全园喷布生物源制剂或低毒残留农药，如1%中生菌素或百菌清或27%铜高尚悬浮剂，用于防治苹果轮纹病和炭疽病。树干绑草把诱集叶蛾。果实除袋后在树冠下铺设反光膜，同时，进行摘叶、转果。秋剪疏除过密枝和徒长枝，剪除未成熟的嫩梢。

（2）全园按苹果成熟度分期采收。采前在苹果堆放地，铺3cm厚的细沙，诱捕脱果做茧的桃小食心虫幼虫。采后清洗分级，打蜡包装。黄色品种和绿色品种可连袋采收。拣拾苹果轮纹病和炭疽病的病果。

（3）果实采收后（晚熟品种采收前）进行秋施基肥。结合施基肥，对果园进行深翻改土并灌水。检查并处理苹果小吉丁虫及天牛。

（4）落叶后，清理果园落叶、枯枝、病果。土壤封冻前全园灌冻水。

六、休眠期

（1）根据生产任务及天气条件进行全园冬季修剪。结合冬剪，剪除病虫枝梢、病僵果，刮除老粗翘皮、枝干病害的病瘤、病斑，将刮下的病残组织及时深埋或烧毁。然后全园喷1次杀菌剂，药剂可选用波尔多液、农抗120水剂、菌毒清水剂或3~5波美度石硫合剂或45%晶体石硫合剂。

（2）进行市场调查。制订年度果园生产计划，准备肥料、农药、农机具及其他生产资料，组织技术培训。

第二节　梨

一、梨园建立

梨园应选择较冷凉干燥、有灌溉条件、交通方便的地方，梨树对土壤适应性强，以土层深厚，土壤疏松肥沃、透水和保水性强的沙质壤土最好。山地、丘陵、平原、河滩地都可栽植梨树，山区、丘陵以选向阳背风处最好。山地、丘陵梨园沿等高线栽植，定植前必须对定植行进行深翻改土，做好水土保持工程后再栽苗。

二、梨树周年管理技术

（一）休眠期

（1）制订果园管理计划。准备肥料、农药及工具等生产资料，组织技术培训。

（2）病虫害防治。刮树皮，树干涂白。清理果园残留病叶、病果、病虫枯枝，集中烧毁。

（3）全园冬季整形修剪。早春喷布防护剂等防止幼树抽条。

（二）萌芽期

（1）做好幼树越冬的后期保护管理。新定植的幼树定干、刻芽、抹芽。根基覆地膜增温保湿。

（2）全园顶凌刨园耙地，修筑树盘。中耕、除草。生草园准备播种工作。

（3）及时灌水和追施速效氮肥。宜使用腐熟的有机肥水（人粪尿或沼肥）结合速效氮肥施用，满足开花坐果需要，施肥量占全年20%左右。按每亩定产2 000kg，每产100kg果实应施入氮

0.8kg、五氧化二磷 0.6kg、氧化钾 0.8kg 的要求，每亩施猪粪 400kg，尿素 4kg，猪粪加 4 倍水稀释后施用，施后全园春灌。

（4）芽鳞片松动露白时全园喷一次铲除剂，可选用 3~5 波美度石硫合剂或 45%晶体石硫合剂。梨大食心虫、梨木虱为害严重的梨园，可加放 10%吡虫啉可湿性粉剂 2 000倍液消灭越冬和出蛰早期的害虫及防治梨大食心虫转芽。在根部病害和缺素症的梨园，挖根检查，发现病树，及时施农抗 120 或多种微量元素。在树基培土、地面喷雾或树干涂抹药环等阻止多种害虫出土、上树。

（5）花前复剪。去除过多的花芽（序）和衰弱花枝。

（三）开花期

（1）注意梨开花期当地天气预报。采用灌水、熏烟等办法预防花期霜冻。

（2）据田间调查与预测预报及时防治病虫害。喷 1 次 20%氰戊菊酯乳油 3 000倍液或 10%吡虫啉可湿性粉剂2 000倍液，防治梨蚜、梨木虱。剪除梨黑星病梢，摘除梨大食心虫、梨实蜂虫果，利用灯光诱杀或人工捕捉金龟子、梨茎蜂等害虫。悬挂性诱捕器或糖醋罐，测报和诱杀梨小食心虫。落花后喷 80%代森锰锌可湿性粉剂 800 倍液防治黑星病。梨木虱、梨实蜂严重的梨园加喷 10%吡虫啉可湿性粉剂 1 000~1 500倍液。

（3）花期放蜂，喷硼砂，人工授粉，疏花疏果。

（四）新梢生长与幼果膨大期

（1）生长季节可选用异菌脲可湿性粉剂 1 000~1 500倍液等防治黑星病、锈病、黑斑病。选用 10%吡虫啉可湿性粉剂 2 000倍液或苏云金芽孢杆菌、浏阳霉素等防治蛾类及其他害虫。及时剪除梨茎蜂虫梢和梨实蜂、梨大食心虫等虫果，人工扑杀金龟子。

（2）果实套袋。在谢花后 15~20 天，喷施 1 次腐殖酸钙或氨基酸钙，在喷钙后 2~3 天集中喷 1 次杀菌剂与杀虫剂的混合液，药液干后立即套袋。

（3）土肥水管理。树体进入“亮叶期”后施肥，土施腐熟有机肥水（人粪尿或沼液等）或速效氮肥，适当补充钾肥（如草木灰等），其用量为猪粪1 000kg、尿素6kg、硫酸钾20kg，并灌水，根据需要进行叶面补肥。同时，进行中耕锄草，割、压绿肥，树盘覆草。

（4）夏季修剪。抹芽、摘心、剪梢、环割或环剥等调节营养分配，促进坐果、果实发育与花芽分化。

（五）果实迅速膨大期

（1）保护果实，注重防治病虫害。病害喷施杀菌剂，如1：2：200波尔多液、异菌脲（扑海因）可湿性粉剂1 000~1 500倍液等。防虫主要选用10%吡虫啉可湿性粉剂2 000倍液、20%灭幼脲3号每亩25g、1.2%烟碱乳油1 000~2 000倍液、2.5%鱼藤酮乳油300~500倍液或0.2%苦参碱1 000~1 500倍液等。

（2）追施氮、磷、钾复合肥（土施）。施入后灌水，促进果实膨大。结合喷药多次根外补肥。干旱时全园补水，中耕控制杂草，树盘覆草保墒。

（3）继续夏季修剪。疏除徒长枝、萌蘖枝、背上直立枝，对有利用价值和有生长空间的枝进行拉枝、摘心。幼旺树注意控冠促花，调整枝条生长角度。

（4）吊枝和顶枝。防止枝条因果实增重而折断。

（六）果实成熟与采收期

（1）红色梨品种。摘袋透光，摘叶、转果等促进着色。

（2）防治病虫害，促进果实发育。喷异菌脲可湿性粉剂1 000~1 500倍液，同时混合代森锰锌可湿性粉剂800倍液等。果面艳丽、糖度高的品种采前注意防御鸟害。

（3）叶面喷沼液等氮肥或磷酸二氢钾。采前适度控水，促进着色和成熟，提高梨果品种。采前30天停止土壤追肥，采前20天停止根外追肥。

（4）果实分批采收。及时分级、包装与运销。清除杂草，准备秋施基肥。

第三节　桃

一、定植

选大小基本一致、根系多、无病虫害、芽饱满的苗木，把侧根剪平滑，浸在1%的硫酸铜溶液中5min，再放到2%石灰液中浸2min。按定植穴栽植，栽植深度以苗圃地根颈痕迹处为标准，太深苗木长势不旺。根系要舒展，苗木要直立，做到“一提二踩三封土”，栽后及时浇水。定植时间因不同地区而异，在冀南地区一般在3月下旬定植。如果苗较弱，为防止抽条可套细塑料袋保湿，提高成活率。

二、定植后的当年管理

（一）整形修剪

温室桃的特点是密度大、树冠小、生长期长、生长量大。在整形上第1年不强求树形，但要求有足够的枝量，为下年丰产打下基础，至于树形，3年内完成即可。

（二）肥水管理

在肥水管理上要“前促后控”。前促是指在6月底以前，要求供足肥水，促进生长。定植成活后及时浇水，以后一直保持地面湿润，浇水时要追施氮肥，施肥量由少逐渐增多。后控指6月底以后要控水控肥，追肥要以磷钾肥为主。

（三）促花技术

1. 多效唑促花

在6月底至7月初、7月底至8月初，各喷1次800~1 000 mg/L多效唑，可抑制营养生长，促进花芽形成，特别注意在喷多效唑时，叶背面为主，叶正面为辅，喷至叶片滴水为宜。

2. 人工促花

在喷多效唑之前，根据整形的要求，对主枝拉枝，调整主枝角度。在7—8月剪除密挤枝，对背上旺长枝要及时疏除或拉枝改变角度，还可通过拿枝软化、拧梢等措施促花。在冀南地区7月下旬至8月下旬要随时调整枝条密度，否则枝条生长不健壮，花芽发育不充实，影响翌年产量。

（四）秋施基肥

施肥时间在9月中旬最为理想。早秋施基肥，翌年在果实发育期施肥区域根系分布很多，对肥料利用率高；晚秋施基肥，在果实发育期施肥处根系分布较少，对肥料利用率低。

施肥种类：有机肥4 000~5 000kg，过磷酸钙100kg，氮磷钾复合肥50kg。

（五）冬季修剪

采取长枝修剪技术，主枝上每15~20cm留1个长果枝，空间大时适当多留，剪除密挤枝、细弱枝、徒长枝。剪完后每亩留枝量7 000~7 500个长果枝，另外适当留一些中短果枝。

（六）灌冻水

上冻前浇1次水。

三、撤膜后的管理

（一）更新修剪

需冷量在700~800h的桃品种，在冀南地区4月中旬果实采收，在大连地区4月上旬采收。果实采果后在单位面积内树体已形成，空间基本占满，但撤棚后与露地有同样的生长时间，如果不采取更新修剪，势必造成严重郁闭。更新修剪是指将树冠内绝大部分枝梢剪掉，促其重新生长的修剪方法。

（二）采果后土肥水管理

结合采后重剪，进行一次挖沟施肥。在行间挖30cm宽、30~40cm深的沟，沟内施用腐熟的有机肥，每亩4 000~5 000 kg，再掺入氮、磷、钾复合肥50kg。施肥后全园灌透水，然后松土。以后根据天气情况，适时灌水并做好雨季排水。

（三）夏季管理

（1）定梢。更新修剪后10天左右，在小橛上长出许多新梢，待新梢长至5~10cm时，进行定梢。同时要及时抹除骨干枝上的萌蘖。

（2）喷多效唑。在新梢平均长至30~35cm时，喷800~1 000mg/L多效唑，4周后再喷1次，共喷2~3次。

第四节　葡　萄

一、苗木选择

苗木要求根系发达完好，无根瘤病和根结线虫病；苗木芽体饱满，有3个以上的饱满芽；粗度（根茎处）0. 8cm以上，嫁接口（嫁接苗）愈合良好；无枝干病害。建议采用脱毒苗木。

二、架式选择

埋土防寒地区多以棚架、小棚架和自由扇形篱架为主。不埋土防寒地区的优势架式有棚架、小棚架、单干双臂篱架和“高宽垂”“T”形架。

三、葡萄周年生产管理技术

（一）树液流动期

（1）去绑绳、坚固或换铁丝。在出土上架之前，对葡萄架进行整理。彻底清除前一年的绑缚材料。对倾斜、松动的立柱必须扶正、埋实。及时补设锈断铁丝，用紧线器拉紧固定好拉线，为上架做准备。

（2）及时出土、松蔓上架。一般在当地山桃初花期或杏栽培品种的花蕾显著膨大期，对葡萄及时出土或撤除防寒物，枝蔓上架。出土时要求尽量少伤枝蔓。出土后应将主蔓基部的松土掏干净，然后修整好畦面。

（3）扒翘皮、刮病斑。在上架前应扒或刮掉老蔓上的翘皮和病斑，将刮下的病体收集好带出果园烧毁，以消灭越冬病原和虫卵，伤口可用5波美度石硫合剂涂抹，消毒保护。

（4）清园。消除冬季修剪遗留的残枝败叶、杂草、绑缚物等。

（5）土、肥、水管理。结合施“催芽肥”，视情况可对全园进行浅翻耕，深度一般为15~20cm，也可通过开施肥沟，达到疏松土壤的目的，还可进行园地地面覆盖地膜、秸秆、稻草等。芽萌动前追施尿素、腐熟的人粪尿、碳酸氢铵等，配合少量的磷、钾肥，使用量占全年的10%~15%。可在萌芽前、后各灌水1次。萌芽前喷布3~5波美度石硫合剂加助杀剂1 000倍液，防治白粉病、介壳虫及其他越冬病虫菌源。萌芽后展叶前喷布0.5~2波美度石硫合剂消除结果母枝上残存的越冬病虫害。

（二）萌芽与新梢生长期

（1）抹芽调整。在葡萄芽萌发后尚未展叶前，按照“去弱留壮、去晚留早、去密留单、去外留近、去夹留顺”的原则，抹去瘦弱芽、晚萌芽、多余芽及位置不当的芽，留下壮芽。抹芽宜早不宜迟，一般分2~3次进行，每次间隔为3~5天。

（2）定梢定果、引缚固定。定梢是抹芽的继续，当新梢长到15~20cm时能辨别有无花序，可分清新梢强弱时进行。一般壮枝留1~2个花序，中庸枝留1个花序，延长枝及细弱枝不留花序。定梢定果后应及时布置架面引绑固定，防止风折。

（3）新梢摘心、去卷须。开花前7天左右至初花期对结果枝进行摘心，随枝梢生长及时去除卷须，新梢长到40~50cm时进行引导和绑缚，整理架面，并及时处理副梢。

（4）土肥水管理。及时补充“花前肥水”。每公顷可施氮磷钾复合肥225~300kg，最迟在花前1周施入，追肥后灌水。及时中耕除草。中耕深度一般为5~10cm，里浅外深，尽量避免伤害根系。缺锌或缺硼严重的果园，在花前2~3周，应每隔1周叶片追施锌肥或硼肥，以利正常开花受精和幼果发育。葡萄是喜钾植物，定期喷施0.3%尿素加磷酸二氢钾混合液，可促进幼叶等正常生长发育。

（三）开花期

（1）花期放蜂。花期放蜂可有效提高坐果率，对授粉不良的品种和雌能花品种尤为重要。

（2）整理架面。开花前后进行夏剪时，进一步整理和绑缚新梢，随时去除所有新发生的卷须。

（3）花期喷硼。落花落果严重的品种，在开花前2周喷0.3%的硼砂，隔1周再喷1次，可提高坐果率。

（四）浆果生长膨大期

（1）架面整理。继续加强架面整理，改善树体通风透光条件，防止果实日灼。

（2）疏果、套袋。一般在盛花后15~25天疏果，最迟不能迟于30~35天。疏果完成后尽早套袋。

（3）环割或环剥。一般在结果枝或结果母枝上进行环割和环剥效果好，位置应放在花穗以下节间内进行。环割的间距为3cm左右，环剥宽度3~6mm，并用杀菌剂涂抹伤口后，再用黑色塑料薄膜包扎。

（4）土肥水管理。花后4~8天追施“壮果肥”，每亩施饼肥60~100kg，尿素15kg，钾肥10kg效果较好，施肥后灌水。

着色期前后叶面喷施磷酸二氢钾，以促进果实和枝梢成熟。果粒开始膨大后，每 10 天喷 1 次3%~5%的草木灰和0.5%~2%的磷肥浸出液，或 0.1%~0.3%尿素，或喷施 0.2%~0.3%的磷酸二氢钾，连续喷施3~4 次，对提高果实品质有明显作用，还可喷钙、锰、锌等微肥。同时，及时中耕，深度 5~10cm。如果葡萄行间种苜蓿、草木樨、三叶草等，必须适时进行割埋处理，以保证枝蔓的生长和果实的发育。

(五) 浆果成熟期

(1) 熟前追肥。在晚熟品种成熟前，要控氮肥，增磷、钾肥。可在开始着色期每亩施磷肥 50kg、钾肥 30kg，浅沟或穴施均可，施肥后覆土灌水，然后中耕保墒。同时，喷 2~3 次 0.2%~0.3%的磷酸二氢钾或 1%~3%过磷酸钙溶液以提高品质，连续喷 2~3 次氨基酸钙以提高耐贮运性。

(2) 控制水分。中、晚熟品种此期应控制灌水。若遇连续干旱天气，应适当灌水。对果实已采收的早熟品种，在采后及时灌水。降雨较多时，山地果园注意蓄水，平地果园做好排水工作。

(3) 去袋增色。无色品种不去袋，采收时连同果袋一同摘下。有色品种可在采收前 10 天左右将袋下部撕开，以增加果实受光，促进良好着色。另外，也可以通过分批摘袋的方式来达到分期采收的目的。若使用的纸袋透光度较高，能够满足着色的要求，也可不摘袋，以生产洁净无污染的果品。去袋后适当疏掉遮光的枝蔓和叶片，促进果实着色和新梢成熟。

(4) 架面管理。及时处理结果枝、营养枝上的副梢，促进成熟，并继续绑蔓，防止风害。

(5) 葡萄采收。鲜食品种主要依据生理成熟状况确定采收期，其标志是有色品种充分表现出该品种固有的色泽，无色品种呈黄色或白绿色，果粒透明状。同时，大多数品种果粒变软而有弹性，达到该品种的含糖量和风味时即可采收。外销或贮藏的可适当早采；酿造品种一般根据不同酒类所要求的含糖量采收，当该品种果实达到酿酒所需要的含糖指标、色泽风味即可采收；制汁、制干品种要求含糖量达到最高时采收。鲜食葡萄采收前 10~15 天停止灌水。选择每日清晨或傍晚时采收，同时，尽量留长穗轴，便于包装时拎提果穗，亦尽量不擦掉果粉。采收时用手指捏住穗梗，用采果剪紧靠枝条剪断，随即装入果筐。采下的葡萄放在阴凉通风处，及时进行分级、包装、贮运或加工、销售。

（六）新梢成熟及落叶期

（1）保护叶片，防止枝蔓徒长。

（2）深翻改土、秋施基肥。葡萄定植后的最初几年应结合深施基肥进行深翻改土。一般深翻 50~60cm。通常用腐熟的有机肥作为基肥，并加入少量尿素、过磷酸钙、硫酸钾等速效性肥料，在葡萄采收后及早施入。基肥施用量占全年总施肥量的 50%~60%，常采用沟施。

（3）灌水。深翻及施基肥后立即浇透水，使土壤与根系密切接合，促进肥料分解。

第五节　樱　桃

一、园地选择

选择地势高、不易积水、地下水位较低的地块，中性或微酸性、土层深厚、透气性较好的沙壤土。如果土质较差，要在建园前进行深翻，增施有机肥等土壤改良措施，因为樱桃对生态条件要求很高，深厚的活土层、较强的土壤肥力，才能使樱桃根系发达、树势旺、抗逆性强，果品的质量和产量高。尤其根际的土壤，定植建园后很难改良。

二、灌排设计

园地周围一定要有良好的灌排设施，以保证干旱时能及时浇水，雨季能及时排水防涝。对新建园，要科学设计主水沟和支水沟，平原地或大块地建园最好起垄栽植，以便利用垄沟灌排水。垄沟灌水侧渗到根还可避免浇水后根土板结，有利于缓苗发根。

三、科学栽植

（一）栽植时间

樱桃栽植最好秋栽，因北方地区春旱，传统的春栽增加了水分管理难度。而且，如果春栽过早，气温不稳定，则易受冻害；春栽过晚，萌芽快生根慢，会造成死苗。秋栽，可于当季缓苗、萌芽生长，翌年春季早萌芽发枝，易形成壮苗。秋栽后土壤上冻前，要埋土防冻。

（二）栽植方法

要采用“小坑深栽浅埋法”。传统的挖大坑的果树栽培法不适于樱桃，因为樱桃根浅又不耐涝，如大坑栽培，坑内土较坑周土松，雨季易引起内涝，严重时会出现死苗。“小坑深栽浅埋法”即挖出三四锨土，施二锨土杂肥，将坑边的土刨一刨与坑内的土杂肥拌匀，然后置放苗木（选根系发达的粗壮苗木），覆一层浅土仅使其埋住根部原土痕。再将土稍压实，使根颈低于地面 15cm 左右，在苗下形成 1 个小树窝。这样“深栽”降低了苗木重心有利于抗倒伏，“浅埋”有利于根呼吸而使苗木缓苗快，生长好。

（三）水分管理

定植后，应勤浇水，但忌浇大水。要结合天气，旱则小水常浇，涝则积极排水，保持根际土表见干见湿。

第六节　板　栗

一、板栗园地选择

板栗园应选择地下水位较低、排水良好的沙质壤土。忌土壤盐碱、低湿、易涝、风大的地方栽植。在丘陵岗地开辟栗园，应选择地势平缓土层较厚的近山地区，以后逐步向条件较差的地区扩大发展。

二、品种选择

品种选择应以当地选育的优良品种为主栽品种，如炮车2号、陈果1号等，适当引进石丰、金丰、海丰、青毛软刺、处暑红等品种。根据不同食用要求，应以炒栗品种为主，适当发展优良的菜栗品种。既要考虑到外贸出口，又要兼顾国内市场需求，同时做到早、中、晚品种合理搭配。

三、合理配置授粉树

栗树主要靠风传播花粉，但由于栗树有雌雄花异熟和自花结实现象，单一品种往往因授粉不良而产生空苞。所以新建的栗园必须配制10%授粉树。

四、合理密植

合理密植是提高单位面积产量的基本措施。平原栗园以每亩30~40株、山地栗园每亩以40~60株为宜。计划密植栗园每亩可栽60~111株，以后逐步进行隔行隔株间伐。

五、合理施肥

合理施肥是栗园丰产的重要基础。基肥应以土杂肥为主，以改良土壤，提高土壤的保肥保水能力。施用时间以采果后秋施为好，此期气温较高肥料易腐熟。同时，此时正值新根发生期，利于吸收，从而促进树体营养的积累，对来年雌花的分化有良好作用。追肥以速效氮肥为主，配合磷、钾肥。追肥时间是早春和夏季。春施一般初栽果树每株追施尿素0.3~0.5kg，盛果期大树每株追施尿素2kg。追后要结合浇水，充分发挥肥效。夏季追肥在 7 月下旬至 8 月中旬进行。这时施速效氮肥和磷肥，可以促进果粒增大果肉饱满，提高果实品质。根外追肥一年可进行多次，重点要搞好 2 次。第 1 次是早春枝条基部叶在刚开展由黄变绿时，喷 0.3%～0.5%尿素加 0.3%～0.5%硼砂，其作用是促进基本叶功能，提高光合作用，促进罐花形成；第 2 次是采收前 1 个月和半个月，间隔 10～15 天，喷 2 次 0.1%的磷酸二氢钾，主要作用是提高光合效能，促进叶片等器官中营养物质向果实内转移，有明显增加单粒重的作用。

六、灌水

板栗较喜水。一般发芽前和果实迅速增长期，各灌水 1 次，有利于果树正常生长发育和果实品质提高。

七、整形修剪

板栗树修剪分冬剪和夏剪。冬剪是从落叶后到翌年春季萌动前进行，它能促进栗树的长势和雌花形成。主要方法有短截、疏枝、回缩、缓放、拉枝和刻伤。夏季修剪主要指生长季节内的抹芽、摘心、除雄和疏枝，其作用是促进分枝，增加雌花，提高结实率和单粒重。

八、疏花疏果和授粉

疏花可直接用手摘除后生的小花、劣花，尽量保留先生的大花、好花，一般每个结果枝保留 1～3 个雌花为宜。疏果最好用疏果剪，每节间上留 1 个单苞。在疏花疏果时，要掌握树冠外围多留、内膛少留的原则。人工辅助授粉应选择品质优良、大粒、成热期早、涩皮易剥的品种作授粉树。当一个枝上的雄花序或雄花序上，大部分花簇的花药刚刚由青变黄时，在 5 时前将采下的雄花序摊在玻璃或于净的白纸上，放于干燥无风处，每天翻动 2 次，将落下的花粉和花药装进干净的棕色瓶中备用。当一个总苞中的

3 个雌花的多裂性柱头完全伸出，到反卷变黄时，用毛笔或带橡皮头的铅笔蘸花粉，点在反卷的柱头上。如树体高大，蘸点不便时可采用纱布袋抖撒法或喷粉法，按 1 份花粉加 5 份山芋粉填充物配比而成。

九、采收与贮藏

（一）采收

板栗采收方法有两种，即拾栗法和打栗法。拾栗法就是待栗实充分成熟自然落地后，人工拾栗实。为了便于拾栗子，在栗苞开袭前要清除地面杂草。采收时先振动一下树体然后将落下的栗实、栗苞全部拣拾干净。一定要坚持每天早、晚各拾 1 次，随拾随贮藏。拾栗法的好处是栗实饱满充实、产量高、品质好、耐藏性强。打栗法就是分散分批地将成熟的栗苞用竹竿轻轻打落，然后将栗苞、栗实拣拾干净。采用这种方法采收一般 2~3 天打 1 次。打苞时由树冠外围向内敲打小枝，振落栗苞，以免损伤树枝和叶片。严禁一次将成熟度不同的栗苞全部打下。打落采收的栗苞应尽快进行“发汗”处理，因为当时气温较高，栗实含水量大，呼吸强度高，大量发热，如处理不及时，栗实易霉烂。处理方法是选择背阴冷凉通风的地方，将栗苞薄薄摊开，厚度以 20~30cm 为宜，每天泼水翻动降温，“发汗”处理 2~3 天后，进行人工脱粒。

（二）贮藏

栗实有三怕：一是怕热，二是怕干，三是怕冻。在常温条件下，栗实腐烂主要发生在采收后 1 个月时间里，此时称为危险期。采后 2~3 个月腐烂较少，则属安全期。因此做好起运前的暂存或入窖贮藏前的存放，是防止栗实腐烂的关键。比较简便易行的暂存方法是选择冷凉潮湿的地方，根据栗实的多少，建一个相应大小的贮藏棚。棚顶用竹（木）杆搭梁，其上用苇席覆盖，四周用树枝或玉米、高粱秸秆围住，以防日晒和风干。棚内地面要整平铺，垫约10cm厚的河沙，然后按1份栗实、3~5份沙比例混合，将栗实堆放在上面，堆高30~40cm堆的四周覆盖湿沙10cm。开始隔3~5天翻动1次，半月后隔5~7天翻动1次，每次翻动要将腐烂变质的栗实拣出。为了防止风干，还要注意洒水保湿。

第七节　猕猴桃

一、猕猴桃定植

（1）品种选择。选用果长的品种。

（2）定植规格。猕猴桃株行距3m×3m，亩定植74株。雌雄株比例为8：1，雄株在园内要分布均匀。

（3）定植方法。开定植沟或定植穴深度1m，宽度1m。每穴施用腐熟有机肥30~40kg，加过磷酸钙1kg。定植时解除嫁接膜，并理直根系盖好土，根颈略高于地面，踩紧，把果苗轻微上提，使根系与土壤紧密结合，定植后留3~5个饱满芽定干。再浇透定根水，最后用稻草覆盖，保温、保湿、保成活。

二、土、肥、水管理

（一）施肥

猕猴桃是一种需肥量较多的果树，每年根据实际情况，最好应施1次基肥，2次追肥。

1. 基肥的施用

基肥施肥时间应在秋季果实采收后至落叶前。秋施基肥有利于肥料充分腐熟，并为根系吸收，增加树体营养贮备，为翌年春季抽梢和开花坐果打下基础。基肥应以农家肥为主，并混入适量氮、磷，每株施尿素200g，磷肥150g，采用环状沟施或条状沟施，沟距主干50cm，沟深50cm，宽20~30cm。

2. 追肥的施用

幼年树：定植后第 1 年在生长季节，薄肥勤施，每月施尿素 2 次，浓度在 0.3%～0.5%喷施。翌年在生长季节，间隔 25 天施 1 次，浓度在 0.5%～1%喷施。第 3 年进入盛果期，

成年树：1 次是花前肥，每株施氮肥 200g，磷肥 150g，钾肥 100g；2 次是壮果肥，疏果后施用，以人粪尿为主，配磷、钾肥施用（追肥可结合中耕除草在树盘上撒施，也可以沟施，沟深 20cm。因猕猴桃的根是肉质根，施用化肥不可直接与根接触，要将化肥与土壤充分混合，以免烧根）。

（二）土壤、水分管理

土壤是猕猴桃良好生长的基础。猕猴桃根为肉质根，70%根系平行生长。在管理上要求小树留 1m 树盘，大树留 2m 树盘，不间作作物。全园不间作高秆作物。树盘内要勤除草、松土，保持土壤透气。施肥与锄草尽可能浅些，以免伤及主根。有条件的地方可在树盘或全园种植优质绿肥。夏季施肥，应“少食多餐”，原则上避免施用高浓度化学肥料。如遇高温干旱，应在 11 时前或 16 时后地温较低时灌水，结合灌溉要用稻草、麦秸、杂草等覆盖，达到抗旱保湿的目的。

三、绑蔓

（1）幼树要把主蔓引绑上架，一般用竹竿竖立在植株旁用绳呈“8”形引绑。

（2）结果母枝的引绑可根据生长势而定，使其占据合理空间。生长势强的徒长性结果母枝，采用水平引绑，使其上所有芽、枝都处于相同角度；生长势弱的结果母枝采用垂直引绑，促其由弱转强；生长势中庸的结果母枝，采用倾斜式引绑，促使其生长与结果达到相对平衡。

四、整形

（1）第1年主要培养主干，对栽植建园时经过剪截所萌发的新梢，选一强壮新梢引上架面，其余萌发的枝梢及时抹除。

（2）翌年培养中央主蔓，将主干在1.8m处剪截，选留2个强壮枝，分别沿铁丝走向延伸，培养成2个主蔓。

（3）第3年对2个主蔓上所发的分枝尽可能保留，与主蔓垂直绑在架面上，此时已基本完成树形。

五、修剪

（1）夏剪。夏季修剪主要是解决通风透光、留足预备枝。要及时抹除砧木萌蘖，主蔓和结果母枝上发出的徒长性发育枝，位置合适的留作结果枝，其余的一般在长出1~2个叶时除去；及时疏除从基部抽生的徒长枝；对结果枝在果实以上留6~8片叶剪截，其上发出的副梢留2~3片叶摘心；对枝蔓进行牵引绑缚，使其均匀的分布在架面上。

（2）冬剪。冬季修剪主要是在主蔓上每隔50cm留一结果母枝，在结果母枝上每隔30cm留一结果枝，冬剪时每枝留8~10个芽，一般每隔3年对结果枝更新1次。另外，疏除各部位的细弱枝、枯死枝、病虫枝、下垂枝、过密枝、重叠枝，以及无利用价值的根蘖枝及无培养前途的发育枝。对结果母枝一般在结果部位上剪留3~4个芽，长果枝和中果枝在结果部位以上剪留2~3个芽，短果枝和短缩果枝一般不剪。

雄株修剪在5—6月花后进行。每株留3~4个枝，每条枝留芽4~6个，当新梢长1m时摘心。

六、人工授粉

授粉方法：用刚开放的雄花对准开放的雌花柱头，相距1~5cm，轻轻用指头弹雄花2~3下即可，1朵雄花授粉8~10朵雌花。授粉应选晴天9—11时最好。

七、适期采收

猕猴桃的贮藏寿命和品质受其收获时的成熟度影响很大。猕猴桃果实采收过早或过迟，都会影响果实的品质和风味，且必须通过品质形成期才能充分成熟。

采收宜在无风的晴天进行，雨天、雨后以及露水未干的早晨都不宜采收。采摘时间以10时前气温未升高时为佳。采收时，要轻采、轻放，小心装运，避免碰伤、堆压，最好随采随分级进行包装入库。

第八节　核　桃

一、核桃育苗方法

1. 圃地选择

苗圃地应选择地势平坦、背风向阳、土层深厚、土壤肥沃、排水良好的沙壤土或壤土。

2. 做床

对苗圃地进行深耕或深翻，施足底肥，一般施用过磷酸钙750kg/hm^2、农家肥60t/hm^{2}左右为宜。做成宽1m左右的苗床，长度根据地形和育苗量而定。

3. 种子处理

选择当年采收、适应性强、丰产稳产、壳薄、种仁饱满、取仁容易、无病虫害的果实。春播时，将种子浸泡8~10天，每天换水1次，使种子吸水膨胀，待有少量种子裂口时捞出，置宽敞处晒2~3h后播种。秋播时种子不需处理，可直接带青皮播种。

4. 播种

在做好的苗床内按行距20~30cm、株距15cm点状播种，种子缝合线要与地面垂直，种尖向同一侧码放。播种深度6~7cm，覆土10~12cm，播种后覆地膜保温保湿。

5. 苗期管理

苗出齐后，应及时灌水，5—6月是苗木生长的关键时期，视墒情浇水2~3次，结合浇水追施速效氮肥，7—8月追施磷钾肥。苗圃及时进行中耕除草。

二、建园

核桃在年平均气温超过9~16℃、年均降水量超过800mm的环境中就能生长良好。核桃对土壤的适应性非常广泛，但是由于其根在土壤中的分布较深，抗性较弱，在肥沃、土质疏松、排水良好的平地、台地、缓坡地，在含钙的微碱性土壤上生长最佳。核桃为喜光果树，要求光照充足，宜在阳坡和背风处栽植。在荒山丘陵地区栽植，应先修梯田，挖大鱼鳞坑，做好水土保持。

三、土肥水管理

（一）土壤管理

（1）耕翻土壤。每年3—4月和8—9月各进行1次耕翻，从定植穴逐年向外深耕，深度70~80cm为宜，注意不要损伤粗根。

（2）合理间作。前期主要间作花生、大豆、绿豆、甘薯等农作物以及块茎类、叶菜类蔬菜，做到以粮（菜）养果，以短养长。

（二）施肥

（1）底肥。施底肥的时间以采果后的9—10月为宜。可施烘干畜禽粪，生长期间可在雨后翻压杂草。

（2）追肥。一般每年进行2~3次，分别在4月、6月、7月进行。前2次施肥主要为开花结果和新梢生长打下基础，施肥的种类以氮肥为主。第3次追肥的主要作用是为核桃结果期提供养分，保证坚果充实饱满，施肥要将氮、磷、钾肥结合施用。

（三）水分管理

核桃喜湿润，耐涝，抗旱力强，充足的水分有利于核桃增产。栽植当年，旱季需补充浇水1~2次。核桃开花、果实迅速膨大的时期对水分需求量较大，此时及时补充水分能够收到较好的效果。在核桃施肥后和封冻前进行灌水，能够提高肥料的利用率，确保核桃顺利越冬。地表积水和地下水位过高不利于核桃生长，因此核桃生产中如遇到雨季，应该及时排出田内积水。

四、定干整形

1. 疏散分层形（有主干形）

干性强的品种和立地条件好的采用疏散分层形，这种整形方式共有主枝6~7个，共分2~3层。采用这种整形方式树冠呈现半圆形，能够达到较好的通风、透光条件，寿命长，产量高，负载量大。

2. 自然开心形（无主干形）

干性弱的品种和立地条件较差的采用自然开心形，这种整形方式有主枝2~4个，成形时间较快，结果时间较早，节省劳力，对技术要求不高，目前在生产中使用较多。

五、果树修剪

1. 幼树

主要对干扰树形的一些枝条进行处理，重点是对2次枝进行控制，对徒长枝进行抑制，对过密的枝条进行疏除，处理好旺盛营养枝和背下枝。

2. 初果期树

继续培养主、侧枝，充分利用辅养枝早期结果，有计划地培养结果枝组，不断增加结果部位，扩大结果面积。其修剪原则是以轻剪为主，秋剪和春剪相结合。春季发芽期，剪掉壮旺枝的顶芽，促生短果枝，密集枝去强留弱，先放后缩，放缩结合，防止结果部位外移。

3. 盛果期树

核桃树进入盛果期后，树冠的大部分接近郁闭或者已经郁闭，透光条件较差，光照不良。要注意调整营养生长和生殖生长的关系，将外围的过密枝和下垂枝及时疏除，对占空间较大的辅养枝要及时进行修剪，以免其遮光、挡风。对结果枝不断进行更新，以达到高产、稳产的目的。

4. 衰老树

对衰老树的修剪主要有小更新和中更新，小更新是指将主枝的适当部位进行回缩，促进新侧枝的形成。中更新是指对1级侧枝在适当部位进行回缩，其目的是促进2级侧枝的形成。

六、花期管理

1. 人工授粉

在雌花柱头开裂呈倒“八”字形，柱头分泌大量黏液时，在9—10时开始人工辅助授粉。

2. 疏除雄花

雄花过多会消耗掉树体的养分和水分，不利于雌花芽发育和坐果，因此要适当疏除雄花。疏除雄花的时期要早，以雄花芽休眠期到膨大期疏雄效果最好。如核桃园没有开展人工授粉，则雄花不宜疏除过多。

七、适时采收

1. 采收时间

核桃外果皮由绿色变黄绿色，并有部分青皮开裂时采收。过早采收核桃青皮不易剥离，核桃仁不饱满，出仁率低；采收过晚，则果实易脱落，品质下降。

2. 青皮处理

青皮处理方法有机械脱皮法、堆沤脱皮法、药剂脱皮法。脱皮后及时用水清洗残留物，烘干处理后储藏。

第九节　枣

一、园地选择

枣树的适应性比较强，对土壤的条件要求不严，各地可以充分利用荒地和盐碱地进行栽培。但是，为了达到较高的经济效益，生产出优质、无公害的产品，应尽量选择空气、水源、土壤等环境没有受到污染，地势平坦开阔，排水条件好，土壤渗透性强、通气性能好，地下水位较高，土质肥沃的园地为好。山区和丘陵地带种植枣树，应选择土层深厚的阳坡，阴坡则不宜种植。

二、栽培模式

一是矮化密植型栽培，主要适用于结果早、树型小的品种，株行距以 2m×3m 或 3m×2m 为宜。二是间作型栽培，主要适用于树型中等或较大、结果较晚的品种，行距 8~10m，株距3~5m。树间早期可间种其他作物。

三、栽培时间

枣树自落叶到翌年萌发前的整个休眠期都可栽培，分为春栽和秋栽。根据多年的栽培经验，以 2 年生及 2 年以上生的根蘖苗种植，春栽的立即浇透水，成活率很容易达到 90%以上，而秋栽的即使定植后浇水成活率也很难达到 90%以上。但是，秋栽的定植后即使不浇水成活率也能达到 70%以上，而春栽若不浇水则成活率明显不如秋栽。

四、肥水管理

根据降雨情况，可于 5 月中旬、6 月上旬和 6 月下旬各浇 1 次水，做到天旱苗不旱，7 月下旬渡过缓苗期后，每株穴施尿素 150g。另外苗木发芽展叶后，每隔 10～15 天用 0.4%尿素加 0.3%磷酸二氢钾进行叶面喷肥。

五、检查补栽

苗木发芽展叶后，调查苗木成活情况，根据死株、缺株情况，秋季或翌年萌芽前进行苗木带土补栽。另外，枣苗栽植的当年，有时会出现不发芽的假死现象，假死株的树枝柔软，皮色发绿光亮，对假死苗木应抓紧浇水中耕，促其尽快萌芽生长。

六、保花保果

要想使枣树早结果、多结果，一是在枣树开花期间摘心打顶，减少养分的消耗。二是花期喷打 10～15mg/kg 的赤霉素或枣花宝溶液。每次在果实完熟前 4～5 周（白熟期）仔细喷布 2～3 次 50mg/kg 的萘乙酸或 10～20mg/kg 的防落素溶液，间隔 10～15 天喷 1 次。

第十节　茶　叶

一、茶园施肥

（一）茶园基肥

种植前施足底肥，种植后每隔 1~2 年施一次基肥，秋季封园后，及早在行间中心部位开沟施，沟深、宽各 30~40cm，每亩施入农家有机肥（厩肥、秸秆、绿肥、土杂肥等）5~10t（100~200 担）。茶树专用复合肥或磷、钾肥 50kg。肥土混合后再复土整平地面，亦可结合中耕。

（二）茶园追肥

每年分别于 3 月中旬、4 月下旬到 5 月上旬、7 月中旬施 3 次追肥。以速效氮肥为主，肥料种类为茶树专用复合肥、尿素、硫酸铵、碳铵等。施肥量：采摘茶园按产量确定，幼龄茶园按树龄确定。沟施，沟深 10~13cm，撒施，施后随即中耕翻入土中。

（三）茶树根外追肥

根据茶树生长需要，可根外喷施可溶性氮、磷肥、稀土、微量元素和生长调节剂。但要严格控制使用浓度和剂量，并注意使用天气、时间，以提高使用效果。

二、茶园土壤管理

（一）耕锄

浅耕除草：深度 5~10cm，次数视杂草生长情况而定。一般全年 3~4 次，亦可结合追肥进行。

茶园深耕：因园制宜进行。一般耕深 15~20cm。每年或隔年进行 1 次，宜秋季封园后及早进行。

深翻改土：幼龄茶园建园前用带状深垦的，应及早深翻行间土壤，深度60cm。成龄茶园长年未施基肥土壤板结的应深翻改良土壤，深度60cm。亩施10t以上农家有机肥和50~100kg茶树专用复合肥或磷、钾肥。深翻改土宜在秋茶封园后严寒到来之前进行。

（二）间作与覆盖

幼龄茶园头2~3年间作绿肥。

三、菜园水分管理

成龄期不间种作物。加强茶园保水，蓄水和排水。有条件的茶园实行灌溉。

四、茶树修剪

根据茶园不同树龄阶段分别采用定型修剪、整型修剪、轻修剪、深修剪、更新修剪等方法，培养树冠，整饰树型，更新复壮。1年中有2个时期可以进行修剪，即春茶前（2月下旬至3月上旬）与春茶后（5月上中旬）。定型修剪宜在春茶前进行，如未达标准的植株，第1~2次定型修剪可延至春茶后进行。

五、茶树保护

积极推行综合防治技术，做好茶树主要病虫害检查和防治。

六、茶叶采摘

采摘标准适时防治主

红、绿茶为1芽2、3叶及同等嫩度的对夹叶；黑茶有粗细之分，一般以1芽4、5叶及形成驻芽的新梢为主；老青茶以形成驻芽的红脚新梢为主。

红、绿茶分批多次留叶采，春茶采 4~6 批，夏秋茶采 6~8 批，秋茶采 4~5 批。标准新梢达 20%~30%开采。

采摘鲜叶防止暴晒、紧压和雨淋，及时送往茶厂加工。采摘鲜叶的盛装宜用通风透气的篾具，轻采轻放。

第五章　食用菌绿色生态种植技术

第一节　黑木耳

一、段木栽培

段木栽培是将树木砍伐后，经过适当干燥，把培养好的纯菌种接到段木上，使菌丝在段木中定植，并生长发育长出木耳子实体的过程。

（一）耳场的选择

应选择耳树资源丰富、向阳避风的山坳、山脚、缓坡地带，或有稀疏遮阳的地面、附近有水源的场所。此场所日照时间长，比较温暖，昼夜温差较小，湿度较大，不易积水，便于管理，也便于抗旱。在有条件的地方，可采用两场制，即山上发菌，山下长耳。耳干砍倒后，就地接种，以节省搬运劳力和减少杂菌感染。待菌丝生长发育良好，分化子实体时，搬至潮湿肥沃的山坡起架。

栽培场选定后，必须进行彻底的整理，开排水沟，在场地和周围喷洒一些杀虫和杀菌药剂，以备排干。

（二）耳树选择

能够生长黑木耳的树种有几十种。一般应选用当地资源丰富、容易生长黑木耳，而又不是重要的经济林木的树种。凡含有松脂、精油、醇、醚以及芳香性物质的松、杉、柏、樟等树种均不适于作栽培黑木耳的树种。一般都采用阔叶树种来栽培黑木耳。我国常用的耳树主要有栓皮栎、麻栎、枫杨、榆树、柳树、刺槐、悬铃木、黄连木等。

（三）接种

各地应根据气温情况，因地制宜，灵活掌握接种时间。当外界气温基本上稳定在5℃以上时就可以接种。

接种的密度应根据段木的粗细、木质的松紧而定。段木粗、木质紧的接种密度可以大些，段木细、木质松的接种密度可以稍小。粗的段木两面打穴，或者打几行穴；细的段木只打一行穴。每行穴位应在一条直线上，一般掌握穴距7cm，深度为1.5cm（必须深入木质部1cm）较为合适。行与行间的穴位交错成梅花形。这样的密度，菌丝很快就在段木里蔓延开来，不仅可以早出耳，多出耳，而且可以减少杂菌的侵入。

二、代料栽培

代料栽培是利用黑木耳适生树种的木屑，以及棉籽壳、甘蔗渣、玉米芯等农副产品来代替段木，以塑料袋、玻璃瓶等为容器来栽培黑木耳。它不仅可以综合利用各种农副产品，变废为宝，减少林木资源的消耗，而且在栽培上又具有工艺简单、生产成本低、生产周期短（与段木栽培相比较而言）、收益快等优点。因此，代料栽培是当前农村普遍采用的一种栽培方式。

第二节　平　菇

一、栽培季节

平菇栽培的季节主要取决于栽培的温度和方法，根据平菇在菌丝生长和子实体形成时期对温度的要求，在不同的季节播种应选择不同温度类型的品种，各地应以当地气候条件为依据，灵活掌握。首先必须满足子实体形成和生长所需要的温度，再考虑满足菌丝生长所需的温度。一般实行春、秋两季栽培，每年9月中旬至翌年3—4月均可进行栽培。如果采用生料栽培以11月下旬至翌年的2月为适宜，因为这时自然气温通常在20℃以下，虽然菌丝生长慢，但不利各类杂菌的生长。所以这段时间是平菇栽培的安全期，一般不会发生污染。

二、平菇袋栽技术

（一）塑料袋栽技术

（1）培养料的选择。栽培平菇的培养料很多，如棉籽壳、稻草、麦秸、玉米芯、甘蔗渣、其他作物秸秆等，可因地制宜选择。但不管选择何种原料，均要求新鲜、干燥、无霉变。除上述主料外，还应根据平菇对营养的需求加入少量的石膏、石灰、米糠或麸皮、磷肥等。

（2）拌料。配方选好以后，应选择非雨天时进行拌料。拌料之前将溶于水的物质如石膏、磷肥等先溶于水，不溶于水的物质如麸皮等与干料先混合均匀，然后按料水比1∶(1.3~1.4)的比例加入上述水溶液拌料。要求拌料要均匀，含水量适中，掌握含水量适宜的标准是：用手抓1把培养料握紧，指缝中如有2~3滴水滴下即为适宜。

（3）装料。根据灭菌方式不同，可选用不同材料制作的塑料袋：高压灭菌宜选用聚丙烯塑料袋；常压灭菌宜选用聚乙烯塑料袋。早秋栽培，栽培袋为宽22~24cm、长50~55cm、厚0.04~0.05cm；春季栽培，栽培袋为宽18~20cm、长45~50cm、厚0.04~0.05cm。装料时，先将袋的一头在离袋口8~10cm处用绳子（活扣）扎紧，然后装料，边装边压，使料松紧一致，装到离袋口8~10cm处压平表面，再用绳子（活扣）扎紧，最后用干净的布擦去沾在袋上的培养料。

（4）灭菌。灭菌不论采用常压灭菌还是高压灭菌，装锅时都要留有一定的空隙或者呈“井”字形排垒在灭菌锅里，这样便于空气流通，灭菌时不易出现死角。如采用高压蒸汽灭菌，加热升温后，当压力表指向 0.05MPa 时，放净锅内的冷空气；压力表指向 0.15MPa 时，维持压力，开始计时，2h 后停止加热，自然降温，让压力表指针慢慢回落到“0”位，先打开放气阀，再开盖出锅。采用常压蒸汽灭菌，开始加热升温时，火需旺、要猛，从生火到炉内温度达到 100℃的时间最好不超过 4h，否则会把料蒸酸蒸臭；当温度到 100℃后，要用中火维持 8~10h，中间不能降温；最后用旺火猛攻一阵，再停火闷一夜后出锅。

（5）播种。一般采用两头播种：解开一头的袋口，用锥形木棒捣 1 个洞，洞尽量深一点，放 1 勺菌种在洞内，再在料表放 1 薄层菌种，播后袋口套上颈圈，袋口向下翻，使形状像玻璃瓶口一样，再用 2~3 层报纸盖住颈圈封口。再解开另一头的袋口，重复以上操作过程。为降低成本，颈圈可以自制，即用 1cm 宽的编织带，剪成长 15~18cm 的小段，在火上灼烧接成直径为 3~4cm 的圈。早秋气温高，空气中杂菌活动频繁，播种时稍有疏忽极易造成杂菌污染。播种时应注意以下几点：①播种要严格按照无菌操作程序进行；②料袋温度在 28℃左右播种较好；③灭菌出锅的菌袋要在 1~2 天及时播种，菌袋久置不播种会增加杂菌感染率，制袋成品率显著下降；④高温期，接种箱内采用酒精灯火焰杀菌，箱温可达 40~50℃，极易灼伤和烫死菌种，因此播种要尽量安排在早晚或夜间进行，有条件可以安装空调降低接种室温度，能有效地减少杂菌感染；⑤适当加大播种量，使平菇菌丝在 1 周内迅速封住袋口的料面，阻止杂菌入侵，提高播种成功率。

（6）发菌期管理。平菇播种后，温度条件适宜才能萌发菌丝，进行营养生长。菌袋堆积的层数应根据播种时的气温而定：气温在 10℃左右，可堆 3~4 层高；18~20℃，可堆 2 层；20℃

以上时，可将袋以“井”字形排列6~10层或平放于地面上，以防袋内培养料温度过高而烧死菌丝。大约15天后，袋内料温基本稳定后，再堆放6~7层或更多层。这个阶段要注意杂菌与病虫害的发生，促使菌丝旺盛生长。应根据发菌生长的不同时期进行针对性的管理。

(7) 出菇期管理。当见到袋口有子实体原基出现时，立即排袋出菇。两头播种的菌袋，一般垒成墙式两头出菇，即在地面铺一层砖，将袋子在砖上逐层堆放4~5层，揭去袋口的报纸。

(8) 采收。气温高的天气平菇生长快，子实体从现蕾到成熟只需5~7天，当菇盖展开度达八成，菌盖边缘没有完全平展时，就要及时采收。采收方法是：用左手按住培养料，右手握住菌柄，轻轻旋转扭下；也可用刀在菌柄基部紧贴斜面处割下。一般隔天采收1次，采收前3~4h不要喷水，使菇盖保持新鲜干净，采收时连基部整丛割下。轻拿轻放，防止损伤菇体。

(9) 转潮期管理。转潮期是指从一潮菇采摘结束到下一潮菇子实体原基出现的时间。每批菇采收后，要将袋口残菇碎片清扫干净，除去老根，停止喷水3~4天，待菌丝恢复生长后，再进行水分、通气管理，经7~10天，菌袋表面长出再生菌丝，发生第2批菇蕾。

平菇在出菇期，水分管理是平菇优质高产的第一大管理要素，也就是说，必须千方百计使空气相对湿度在85%~95%，培养料含水量在65%~70%。

(二) 半熟料袋栽

(1) 培养料的堆制发酵。堆制发酵的作用：一是在堆制过程中，堆内温度可升到63℃以上，能杀死培养料内病菌和虫卵，起到高温杀菌的作用；二是使料内的营养成分由原来不能被菌丝吸收状态变为可吸收利用状态；三是经堆制发酵后的培养料，质地松软，保水通气性能好，适于菌丝的生长发育。

堆制场地要选在地势较高、背风向阳、距水源近而且排水通畅的地方，地面要夯实，打扫干净。一般播种前7~9天进行。堆制材料不同，处理方法也不同：秸秆切成1~2cm长，浸泡1~2天，然后捞起滤去水分；棉籽壳可直接堆制发酵。

（2）装袋、播种。选用宽18~22cm、长40~50cm、厚0.04~0.05cm的塑料袋。装袋、播种前，先离袋口8~10cm处将袋的一端用绳扎好（活结）；培养料装入袋内1/2时加入菌种1层；再装料至离袋口8~10cm时加1cm厚的菌种封面，用绳子扎好口；然后解开另一端的袋口，加1cm厚的菌种封面后，再用绳子扎好口。如果气温较高，绳子扎口改为套颈圈封口更好。一般视袋子的长度和栽培时的温度，可以2层料3层菌种或3层料4层菌种。装袋时要注意使料松紧一致，每层料的厚度也应尽量一致。

（3）发菌期管理。发菌要求在清洁、干燥、通气良好、无光线的培养室内进行。菌袋不论怎样堆放，都要保证袋内温度在28℃以下，若袋温降不下去，应疏散菌袋，分室培养。

发菌期其他管理方法同熟料袋栽。

（4）出菇期管理。出菇期管理方法与熟料袋栽相同。

（三）生料袋栽

生料袋栽的时间只能在自然温度低于20℃时进行，并且培养料一定要新鲜、质量好。在常规配方中加入0.3%的多菌灵或其他杀虫杀菌剂拌料，pH值调至9.0~10.0。料拌好后，要立即装袋、播种，播种量要高于半熟料袋栽，并保证袋内温度在10~20℃，在防止烧菌和防杂菌污染的基础上，使菌丝尽快萌发、吃料、快速生长。其他同熟料袋栽。

第三节　香　菇

一、段木栽培

段木栽培就是利用一定长度的阔叶树段木进行人工接种、

栽培食用菌的方法。一般经过选树、砍树、截断、打孔、接种、发菌、出菇管理、收获等过程。香菇的段木栽培生产步骤如下。

（一）选择菇场

选择场所需要兼顾林木资源、水源、地形、海拔等条件。菇场周围应有水源、菇木资源以及高大树木遮阳。菇场应坐北朝南，西北方向日照不足，易受寒风袭击。一般采用两场制，即将“发菌场”和“出菇场”分开。出菇场的选择，应根据香菇的生物学特性，创造适合于香菇生长发育的环境条件，能给予其出菇期的温度、湿度、光照控制条件。

（二）准备段木

（1）菇树的选择。段木栽培选用的树木以桦、杨、柳、枫、栎树等阔叶树较好，松、柏、杉等针叶树因含有酚类等芳香性物质，对菌丝的生长有一定的抑制作用，通常不用。一般选用树皮厚薄适中（0.5~1cm），不易脱皮，具有很好的保温保湿、隔热、透气性能，具有一定弹性，木质比较坚实，边材发达，心材较少，树皮较厚又不易脱落的木材。直径要求在10~20cm粗的树木为好。

（2）适时砍树。休眠期是砍树的最佳季节。在休眠期，树叶中的营养物质转移至树干和根部贮存，形成层停止活动，砍下的树木营养物质含量高，有利于种菇。黄叶凋落时节，为休眠期中树木形成层养分最多和树皮最紧的时期，此时砍树最好。

（3）适当干燥。通常将砍伐后的菇树称作原木，将去枝截断后的原木称作段木。进行原木干燥，实质上就是为了调节段木含水量，以利于香菇菌丝在段木中定植生长，段木含水量在40%~50%时接种较易成活。段木含水量太高，霉菌易侵入；含水量太低，接种后菌种易失水干缩，难以成活。干燥的时间不能一概而论，常以干燥后没有萌发力为度，或以接种打孔时不渗出树液为宜。一般说来宁可湿些，也不可太干，因此一定要适当干燥。

（4）剃枝截断。原木干燥后，应及时剃枝截断。这项工作应在晴天进行。把原木截成 1～1.2m 长的段木。截断后段木两端及枝杈切面要用 5%石灰水或 0.1%高锰酸钾溶液浸涂，以防杂菌感染。

（三）段木接种

（1）接种季节的确定。人工栽培香菇，在气温 5～20℃范围内均可接种，其中，以月平均气温 10℃左右最为适宜。一般年份，长江流域接种季节在春季，2 月下旬至 4 月底，最好在清明前过定植关。华南地区冬季气温常在 2～3℃，可在 12 月至翌年的 3 月接种。华东地区最适接种季节为 11 月下旬至 12 月上旬。

（2）菌种的选择。选菌龄适宜、生命力强、无杂菌、具有优良的遗传性状、适合段木栽培的优质菌种。可用木屑菌种、枝条菌种或木块菌种等。

（3）打眼接种。打眼工具一般用电钻或打孔器，钻头直径一般为 1.2～1.3cm，用工具在段木上打孔，接种穴多呈梅花状排列，行距 5～6cm，穴距 10～15cm，穴深 1.5～1.8cm。打好孔后，取一小块菌种塞进穴内，装量不宜过多，以装满孔穴为止，切忌用木棒等物捣塞。菌种装完后，在孔穴上面立即盖上树皮，用锤子轻轻敲打严实，使树皮最好和段木表面相平，不能凸出也不能凹陷。树皮盖的厚度以 0.5cm 为宜，太薄时易被晒裂或脱落。条件好的，还可用石蜡封口。石蜡封口材料的配方是：石蜡 75%，松香 20%，猪油 5%，加热熔化调和，待其稍冷却后，用毛笔蘸取涂抹于盖口，冷却后即黏着牢固。

（四）发菌期的管理

接种后的段木称作菇木或菌材。发菌是根据菇场的地理条件和气候条件，对堆积的菇木采取调温、保湿、遮阳和通风等措施，为菌丝的定植和生长创造适宜的生活条件。

（五）出菇期的管理

（1）补水催蕾。成熟的菇木，经过数个月的困山管理，往往大量失水，同时菇木上子实体原基开始形成，并进入出菇阶段，对水分和湿度的需求随之增大。菇木中水分若不足，就影响到出菇，因此一定要先补水，再架木出菇。补水的方法主要有浸水和喷水两种。浸水就是将菇木浸于水中 12~24h，一次补足水分。喷水则首先将菇木倒地集中在一起，然后连续 4~5 天内，勤喷、轻喷、细喷，要喷洒均匀。补水之后，将菇木“井”字形堆放，一般在 12~18℃ 温度下，2~5 天后就可陆续看到“爆蕾”。

（2）架木出菇。补水后，菇木内菌丝活动达到高峰，在适宜的温差刺激下，菌丝很快转向生殖生长，菌丝体在菇木表层相互扭结，形成菇蕾。为了有利于子实体的生长，多出菇，出好菇，并便于采收，菇木就应及时地摆放在适宜出菇的场地，并摆放为一定的形式，即架木出菇。架木出菇主要有“人”字形架木出菇和覆瓦状架木出菇两种方式。

（六）采收

当香菇子实体长到七八成熟时，菌盖尚未完全展开，边缘稍内卷呈铜锣边状，菌幕刚刚破裂，菌褶已全部伸直时，就应适时采摘。如果采摘过早，就会影响产量，过迟采摘则会影响品质。

采摘香菇的方法为：用手指捏住菇柄基部，轻轻旋转拧下来即可。注意不要碰伤未成熟的菇蕾。菇柄最好要完整地摘下来，以免残留部分在菇木上腐烂，引起病菌和虫害，影响今后的出菇。上冻前收菇后便进入越冬管理。

（七）越冬管理

在较温暖的地区，段木栽培香菇的越冬管理较简单，即采完最后一潮菇后，将菇木倒地、吸湿、保暖越冬，待来年开春后再进行出菇管理。在北方寒冷的地区，一般都要把菇木“井”字形堆放，再加盖塑料薄膜、草帘等保温保湿安全越冬。

二、代料栽培

代料栽培香菇主要分成压块栽培和袋栽两种方式。压块栽培是过去室内传统的栽培方式，利用挖瓶或脱袋压块后在室内出菇。香菇袋栽是近十几年来发展起来栽培香菇的新方法，即把发好菌的袋子脱掉后直接在室外荫棚下出菇。两种栽培方法所用的培养料和基本生产工艺相同，只不过袋栽省去了压块工序，减少了污染的机会，更适合于产业化大规模生产。

第四节　金针菇

一、袋栽

袋栽是栽培金针菇的一种主要栽培方式，成功率很高，高达98%以上。金针菇袋式栽培技术在实践中得到不断完善和发展。目前，在河北省推广的金针菇墙式栽培两头出菇新技术，经实践证明，比单袋排放一头出菇的效果好，菇棚空间利用率高，管理方便，设备投资和管理消耗减少，生产成本低，经济效益高，深受栽培者欢迎，是一种高效益的栽培技术。

（一）栽培程序

金针菇墙式袋栽两头出菇栽培法具体栽培程序如下。

（二）菌种制备

选择适宜的优良菌种，采用常规制种方法制种，在配制栽培种培养料时，一般要添加麸皮、米糠或玉米粉等，以满足金针菇对氮源及维生素 B_1 和维生素 B_2 的需求，从而使扩大培养的菌种生长得更健壮。

（三）栽培季节选择

金针菇栽培季节的选择，主要参照当地自然季节性气温变化，确定栽培适期，以满足金针菇低温出菇的要求，使出菇阶段的温度保持在5~15℃的低温范围内，就能获得优质高产的金针菇。我国地域辽阔，不同地区气候不同，同一个季节，气温差异甚大。因此，在安排栽培季节时，必须掌握金针菇低温出菇的特点。

（四）原料准备

（1）塑料薄膜筒的选择。袋栽金针菇常用塑料薄膜筒裁制成栽培袋。塑料薄膜筒的薄膜应选择厚薄均匀，无折痕，无沙眼。菌袋应选择聚乙烯或聚丙烯塑料薄膜筒，制成规格为长35cm、宽17cm、厚0.05cm的袋筒，太宽的袋子菇蕾少时子实体易弯曲，影响菇的品质。

（2）培养料的准备。培养料的选择和处理是否得当，对金针菇栽培的成败有密切的关系。根据各地实际情况可选择棉籽壳、玉米芯、酒槽、废甜菜丝、甘蔗渣、秸秆和废棉等。

（五）培养料的配制

栽培根据当地资源条件，就地取材，选择适宜的培养料，按配方的比例准确称料。要求称好料后放在水泥地面上，或塑料薄膜上进行拌料。不能在土地上拌料，否则使泥沙等杂物装入袋内，将刺破塑料袋。防止拌料时营养水渗入泥土中，造成C/N比例失调。在配制培养料时，注意以下几点。

（1）严格按照配方的比例称量。

（2）拌料时必须将培养料拌均匀。如培养料存有干料块，在灭菌时，湿热蒸汽就不能穿透干料中间，造成灭菌不彻底，而感染杂菌。

（3）严格控制培养料的含水量。

（4）调节好适宜的酸碱度。

(5) 在拌料时，加入0.1%多菌灵，可减少杂菌的污染。

(六) 装袋

将配制好的培养料再堆闷1h，使培养料吸足水分后，就立即装袋。装袋一般手工操作，有条件的可用装袋机进行装袋。

(七) 灭菌

料袋装完后立即进行灭菌，杀死料内各种微生物，并促进培养料内部分有机物质的降解，使料软化以有利于菌丝的吸收和利用。灭菌方法常采用常压蒸汽灭菌。把装好的料袋装到土蒸锅中灭菌。装锅时，要注意：料袋是一种软化包装，料袋直立排放，不要重叠堆积，以免料袋之间间隙被堵塞，湿热蒸汽难以流通和穿透料内，如受热不均会影响灭菌效果。

装好锅后，将锅门盖严实、无缝、不漏气，立即点火升温。使锅内温度迅速升到100℃（或锅内大气上来）开始计时，一般连续灭菌8~12h，停火闷数小时后即可打开锅门，取出料袋移入接种室接种。

(八) 接种

料袋灭菌后，使料温降到30℃时，即可开始接种，接种关键是无菌操作，接种技术要正确熟练，动作要轻、快、准，以减少操作过程中杂菌污染的机会。

在消毒的接种室、接种箱或超净工作台上进行接种。操作过程为：菌种袋或瓶表面用75%酒精擦洗后，带入接种箱，点燃酒精灯，接种铲或大镊子放在酒精灯外焰上进行灼烧，充分灭菌后用灭菌镊子剔除菌种表面的老化菌种，将菌种夹成花生豆大小的菌种块，在酒精灯的无菌区内，打开料袋两头的扎口，分别接入栽培种，然后用塑料绳把袋口扎好。接种量以3%~5%为宜，接种量过多，容易在老菌块上出菇，抑制基内菌丝正常形成子实体，影响产量。接种时，菌种接入要迅速，尽量缩短暴露于空间的时间。天气热时，接种时间最好选在早晨和晚间，有利于提高接种的成功率。

(九) 发菌管理

将接种后的菌袋移入培养室的床架上进行发菌培养。发菌期要创造适宜条件，以促进菌丝健壮生长。这是培养管理好菌袋以至提高产量和质量的重要环节。

发菌期间主要是控制温、湿、光、气 4 个环境条件，在培养正常的情况下，25~35 天即可长满料袋。这是因为采用的培养料不同及发菌温度、接种量多少、发菌时间也不一致而形成的。长满料袋后立即移入出菇棚进行出菇管理。

二、瓶栽

金针菇栽培，一般多采用瓶栽法。此法成功率高。日本和我国台湾都已采用瓶装进行工厂化、自动化周年生产，但在我国仍采用手工劳动为主的瓶装。具体栽培程序基本上同袋装。

(一) 栽培容器

一般都采用菌种瓶 750ml 或玻璃罐头瓶 500ml 作为栽培容器。

(二) 装瓶打孔

瓶装金针菇时，其菌种的制备、栽培季节的选择、原料准备、培养料配制、拌料等都与其袋栽相同。将拌好的培养料装入瓶中，料装至瓶肩，要求上紧下松，压平料面。

用 1 根直径为 2~2.5cm 的锥形棒，在瓶内料面中央打 1 个直通瓶底的接种孔，以利通气，促使菌丝能上、中、下同时生长。

(三) 扎口灭菌

打孔后，取 1 块干净的布，把瓶口内外粘的培养料擦干净，减少杂菌污染的机会，然后用 1 层牛皮纸或用 2 层报纸或 2 层塑料布盖在瓶口上，而后用绳子扎好瓶口。

把装好的罐头瓶装到土蒸锅中去灭菌。装锅时，将罐头瓶横倒放于锅内隔层架子上，瓶口对瓶口，瓶底对瓶底。摆满1层后，以上摆放的方法同第1层。这样装锅灭菌的方法比瓶子竖着放好。瓶口的纸盖不易潮湿，从而减少污染。装好锅后，点火升温，灭菌方法同袋装。

（四）接种

将灭过菌的瓶子晾至30℃以下时，可在消过毒的接种箱内或超净工作台上接种。接种方法参照袋装。

（五）发菌管理

接种完毕后，将栽培瓶移到消过毒的培养室发菌，瓶栽金针菇发菌培养条件和其袋装时要求的条件一样。只不过由于瓶栽比袋装的原料少些，因此发菌时间短些，一般在适宜条件下菌丝长25天左右后，准备搔菌。其中，以棉籽皮培养料生长较快，在发菌过程中一定要防鼠害。

（六）出菇管理

（1）催蕾。菌丝长满瓶后，要及时地把瓶移到适宜的栽培室，去掉瓶口膜，进行搔菌，把培养表面的老菌丝扒掉，让新菌丝露出来，在瓶口上覆盖报纸或两层湿纱布，经常保持覆盖报纸和纱布湿润。空气相对湿度要求在85%~95%，催蕾最适宜温度为13~14℃。每天对空间进行喷雾，几天后培养料表面就会出现琥珀色的水滴，有时还会形成1层白色棉状物，这是现蕾的前兆。这时要结合上下午的喷水，去掉覆盖物1~2h，就可通风换气，促进菇蕾的产生。现蕾后要加强通风，促使大批量的菇蕾产生，出菇快的品种约需7天时间现蕾，慢的则需要10天现蕾。

（2）套筒。当子实体生长到高出瓶口2~3cm时，就应及时在瓶口上套上1个高度为10~15cm的喇叭状纸筒。套纸筒的目的是为了防止光线过强对子实体着色的影响，使其颜色深，同时减少氧气的供给，增加了CO_2，因此抑制了菌盖的生长，有利于促进菌柄的伸长。套筒后，菌柄长势较为一致。套完纸筒后，不必再盖报纸保湿，必须调节室内相对湿度来促进菇蕾生长。如空气相对湿度低时，可在纸筒上进行雾状喷水，但不可直接在菇蕾上喷水。

（3）金针菇的生长。套上纸筒后，培养室或菇棚温度应控制为6～8℃，空气相对湿度80%～90%，避光培养，经过5～7天子实体可长至10cm左右。

温度对子实体生长影响很大。当培养室或菇棚温度为6时，子实体生长较慢，但子实体菌盖小，菌柄长，菌盖圆整、色淡，不易开伞，商品价值高，如果温度为9～16℃时，子实体生长较快，品质有所下降，但通过调节湿度、通风等措施，还能得到品质较好的菇。当温度高于16℃以上时，菌盖易开伞，颜色深，质量差，因此高温季节影响出菇。要选好适宜的栽培季节，才能培养出质量好、产量高的金针菇。

（七）采收

菌柄长到13～18cm，菌盖直径8～10mm时，开始采收。

采收完第1潮菇后，就要进行搔菌、通气、保湿等转潮出菇管理措施，尽快产生第2潮菇。详细的出菇管理方法参照袋栽。

第五节　杏鲍菇

一、栽培季节

杏鲍菇菌丝生长温度以25℃左右为宜，出菇的温度为10～18℃，子实体生长适宜温度为15～20℃。因此，要因地制宜确定栽培时间，山区可在7—8月制袋，9—10月出菇；平原地区9月以后制袋，11月以后出菇。根据杏鲍菇的适宜生长温度在北方地区以秋末初冬、春末夏初栽培较为适宜；南方地区一般安排在10月下旬进行栽培更为适宜。

二、培养料配方

杏鲍菇栽培培养料以棉籽壳、蔗渣、木屑、黄豆秆、麦秆、玉米秆等为主要原料。栽培辅料有细米糠、麸皮、棉籽粉、黄豆粉、玉米粉、石膏、碳酸钙、糖。生产上常用培养料配方有以下几种。

（1）木屑73%，麸皮25%，糖1%，碳酸钙1%。

（2）棉籽皮90%，麸皮10%，玉米面4%，磷肥2%，石灰2%，尿素0.2%。

（3）棉籽皮50%，木屑30%，麸皮10%，玉米面2%，石灰1.5%。

（4）玉米芯60%，麸皮18%，木屑20%，石膏2%，石灰适量。

（5）木屑60%，麸皮18%，玉米芯20%，石膏2%，石灰适量。

三、栽培袋制作

制作栽培袋过程与金针菇等相同。须注意原料必须过筛，以免把塑料袋扎破，影响制种成功率，一般选用17cm×33cm、厚0.03mm的高密度低压聚乙烯塑料袋折角袋，每袋湿料质量为1kg左右，料高20cm，塑料袋内装料松紧要适中。常压蒸汽100℃灭菌维持16h。料温下降到60℃出锅冷却，30℃以下开始接种。

第六章　中药材绿色生态种植技术

第一节　金银花

一、栽植密度

金银花栽植密度可根据立地条件而定，一般墩行距 1m×（1.0~1.5）m，栽 6 660~9 990墩/hm^2。为提高前期产量，可在建园时设置永久墩和临时墩，按墩行距 50cm×（50~75）cm，栽 2.664 万~3.966 万墩/hm^2。第 3 年冬永久行隔墩去墩，临时行不动，墩行距为100cm×（50~75）cm，第 5 年冬去临时行。

二、土肥水管理

（一）土壤管理

金银花栽植后如立地条件较差，重点是搞好水土保持。一是整修梯田、水平阶、鱼鳞坑，提高其保持水土的能力。二是深翻园地，熟化土壤。每年冬春都要结合施基肥进行深刨、扩穴、清墩等土壤管理工作，深度一般 30cm，拾净碎石，整平地面，既可增加土壤的通透性和蓄水能力，又可消灭地下越冬害虫。

（二）施肥

金银花一般每年施基肥 1 次，追肥 3~4 次。基肥以有机肥为主，在 11 月至翌年 3 月施入。施肥时在花墩周围开环形沟，将堆肥与化肥混合施于沟内后再覆土，施肥量视花蔸大小而定，每墩施土杂肥 10kg、尿素 30~50g、过磷酸钙 150~200g。追肥在发芽前及 1 茬、2 茬、3 茬花采收后施入，每次墩施尿素 30~50g、过磷酸钙 150~200g。

（三）浇水与排水

金银花的需水时期在一年的两头，一是春季芽萌动期（3 月上旬），这时浇水，可提前发芽育蕾 2~3 天，花墩生长显著旺盛。二是封冬水，在初冬浇灌，可促进受伤根的愈合，提高地温，加速有机养分的分解，为翌年金银花的丰产打基础。雨季要做好排水工作，防止水土流失和冲坏梯田地堰。

三、整形修剪

金银花修剪分 2 个时期，一是冬剪，于 12 月至翌年 3 月上旬进行；二是生长季节修剪，于 5 月至 8 月中旬进行。

四、采摘与晾晒

金银花的花期长，一般从 5 月下旬持续到 10 月中旬。其采摘季节，头茬花集中采摘期一般在 5 月中下旬，2 茬花在 7 月上中旬，3 茬花在 8 月中旬前后，4 茬花在 10 月上中旬。金银花最适宜的采摘期应掌握在花针上部膨大呈白色时，即花农俗称的“大白针期”。采得过早，则花针青白、嫩小，采得过晚，则花针开放变黄，均影响产量和质量。

（一）采摘

采摘金银花的时间要集中在每天上午，以当天的花能晒至七八成干为宜。无烘干条件的，下午采花要注意摊晒，防止过夜发热变黑。当天的大白针要当天采完，采不完者 16—17 时即开放，影响金银花的产量和质量。

（二）干燥

（1）晒干。将采下花蕾放在晒盘内，厚度以 2~3cm 为宜，以当天晒干为原则。若当天晒不干，晚上搬回屋内勿翻动，次日再晒至全干。

（2）烘干。要掌握烘干温度，初烘温度为30~35℃；烘2h后，温度可达40℃左右，鲜花排出水汽；经5~10h后室内应保持45~50℃；烘10h后鲜花水分大部分蒸发排出，再把温度升高至55℃，使银花速干；烘12~20h即可全部烘干。超过20h花色变黑质量较差，以速干为佳。烘干比晒干容易控制，不受天气影响。

第二节　桔　梗

一、土地的选择

桔梗适宜生长在较疏松的土壤中，尤喜坡地和山地，以半阴半阳的地势为最佳，平地栽培要有良好的排水条件。桔梗不宜连作。

二、整地

桔梗有较长的肉质根，因此最好是垄上栽培。于早春（4月中下旬）撒上农家肥将地翻耕耙细整平（深翻30cm）。做垄时，先在地上隔2m打上格线，开沟，然后将沟里的土向两边分撩，做成垄宽1.7m、沟宽30cm左右的垄床，如遇旱，可沿沟灌溉，以备播种。

三、选用良种

桔梗种子应选择2年生以上非陈积的种子（种子陈积1年，发芽率要降低70%以上），种植前要进行发芽试验，保证种子发芽率在70%以上。发芽试验的具体方法是：取少量种子，用40~50℃的温水浸泡8~12h，将种子捞出，沥干水分，置于布上，拌上湿沙，在25℃左右的温度下催芽，注意及时翻动喷水，

4~6 天即可发芽。

四、播种

桔梗可春播也可夏播。春季播种应在 5 月中旬左右，即在地温达到 15℃以上时播种，夏季应在 7 月下旬之前播种。我们当地以接雨水时（5 月中下旬）开沟进行条播为宜。播种前先在垄床上按行距 20cm，开 5cm 宽 2cm 深的小沟，将种子均匀撒入，每亩用种 1~1.2kg，随后立即覆盖腐熟的细粪土或腐质土，覆土深度约 3cm，一定要深浅一致。播种后覆盖覆盖物后用敌杀死 2 000倍液喷施墒面防地下害虫以确保出苗率。

五、施肥

桔梗在大田播种前可亩施农家肥 2 000~3 000kg、粮食复合肥 40kg、过磷酸钙 30kg，为防治蛴螬可在翻倒农家肥时每吨施入 1kg 甲敌粉与农家肥混合均匀在翻地前施入，后期追肥主要用清粪水或尿素，可在当年 7 月和翌年 7—8 月用尿素 25kg 或清粪水进行追肥提苗。清粪水每亩每次可施 2t 左右，浓度可在 10%左右，追肥后若浓度较大应及时用清水洗苗。

六、田间管理

干播的种子需 25 天左右出苗，催芽播种的种子也需 10 天左右出苗。待小苗出土后，及时除去杂草，小苗过密要适时疏苗，以每 100cm^{2}10~12 株为宜，间隔 5cm 保留 1 株进行间苗（每亩 6 万株左右），并配合松土。后期也要适时进行除草。另外，桔梗花期较长，要消耗大量养分，影响根部生长，除留种田外要及时疏花疏果提高根的产量和质量。

七、收获

桔梗收获时，可在割完地上植株后，将肉质根挖出，清除杂质并及时交售鲜货。

第三节　黄　芪

一、选地与整地

黄芪是深根性植物，平地栽培应选择地势高、排水良好、疏松而肥沃的沙壤土；山区选择土层深厚、排水好、背风向阳的山坡或荒地种植。土壤瘠薄、地下水位高、土壤湿度大、低洼易涝，均不宜种植黄芪。以秋季翻地为好，一般深翻30~45cm，结合翻地施基肥，亩施充分腐熟符合无害化卫生标准的农家肥2 500~3 000kg，过磷酸钙25~30kg；春季翻地要注意土壤保墒，然后耙细整平，作畦或垄，一般垄宽40~45cm，垄高20cm，排水好的地方可做成宽1.2~1.5m的宽畦。

二、繁殖方法

黄芪繁殖可用种子直播和育苗移栽的方法。直播的黄芪根条长，质量好，但采收时费工；育苗移栽的黄芪保苗率高，产量高，但分叉多，外观质量差。

（一）留种及采种

秋季收获时，选植株健壮、主根肥大粗长、侧根少、当年不开花的根留作种苗，挖起根部，剪去根下部，从芦头下留10cm长的根。栽植于施足基肥的畦田中，株行距25cm×40cm，开沟深度20cm，将种根垂直放于沟内，芽头朝上，芦头顶离地面2~3cm，覆土盖住芦头顶1cm厚，压实，顺沟浇水，再覆土10cm左右，以利防寒保墒，早春解冻后，扒去防寒土。7—9月开花结籽，待种子变为褐色时采摘荚果，随熟随摘。晒干脱粒，去除杂质，置通风干燥处贮藏备用。

（二）种子处理

黄芪种子具有硬实特性，播种前应对种子进行处理，常用下列方法。

（1）沸水催芽。先将种子放入沸水中急速搅拌 1min，立即加入冷水将温度降至 40℃，再浸泡 2h，然后把水倒出，种子加麻袋等物闷 12h，待种子膨胀或外皮破裂时播种。

（2）细沙擦伤。在种子中掺入细沙揉搓摩擦种皮，使种皮有轻微磨损，以利于吸水，能大大提高发芽率，处理后的种子置于 30~50℃温水中浸泡 3~4h，待吸水膨胀后播种。一般此方法常用。

（3）硫酸处理。对晚熟硬实的种子，可用浓度为 70%~80%的硫酸浸泡 3~5min，取出迅速置于流水中冲洗半个小时后播种。

（三）种子直播

春、夏、秋 3 季均可播种。春播于 4 月下旬至 5 月上旬，一般地温达到 5~8℃时即可播种。夏播于 6 月下旬至 7 月上旬。秋播于 10 月下旬至地冻前 10 天左右进行播种较好。

播种方法主要采用条播和穴播。条播按 20~30cm 行距，开 3cm 深的浅沟，种子均匀撒入沟内，覆土 1~2cm，每亩播种量 2~2.5kg。播种后当气温达到 14~15℃，湿度适宜，10 天左右大部分即可出苗。穴播在垄上 20~25cm 距离开穴，每穴点 4~5 粒种子，覆土 3cm 厚，每亩播种量约 1kg。

（四）育苗移栽

选土壤肥沃、排灌方便、疏松的沙壤土，要求土层深度 40cm 以上。在春夏季育苗，可采用撒播或条播。撒播直接将种子撒在平畦内，覆土 2cm，每亩用种子量 7kg，加强田间管理，适时清除杂草；条播按行距 15~20cm 播种，每亩用种量 5kg 左右。可在秋季取苗贮藏到翌年春季移栽，或在田间越冬，翌年春季边挖边移栽。起苗时应深挖，严防损伤根皮或折断苗根。一般采用斜栽，株行距 15cm×30cm，选择直而健康无病、无损伤的根条，栽后压实浇水，或趁雨天移栽，利于成活。

三、田间管理

（一）间苗、定苗、补苗

无论是直播还是育苗一般于苗高 6～10cm 时进行间苗。当苗高 15～20cm 时，按株距 20～30cm 定苗。如遇缺苗，应带土补植。

（二）松土除草

苗出齐后即进行第 1 次松土除草。此时幼苗小根浅，以浅除为主，以后每年于生长期视土壤板结情况和杂草长势进行松土除草，一般进行 2～3 次即可。

（三）追肥

定苗后，为加速苗的生长，每年结合中耕除草追肥 2～3 次。要追施氮肥和磷肥，一般每亩追施硫酸铵 15～20kg、硫酸钾 7～8kg、过磷酸钙 10kg。花期每亩追施过磷酸钙 5～10kg、氮肥 7～10kg，促进结实和种熟。在土壤肥沃的地区，尽量少施化肥。施肥时在两株之间刨坑施入，施后覆土盖严。

（四）排灌

黄芪“喜水又怕水”，管理中要注意灌水和排水。在种子发芽期和开花结荚期有两次需水高峰，幼苗期灌水应少量多次；开花结荚期可视降雨情况适量浇水。在雨季土壤湿度大，易积水地块，应及时排水，以防烂根。

（五）打顶

为了控制地上部分生长，减少养分的消耗。除留种田以外，于 7 月末以前进行打顶，割掉地上部分的 1/4，用以控制植株高度，这样有利于黄芪根系生长，提高产量。

四、采收与初加工

（一）采收

黄芪以3~4年采挖的质量最好。采收于秋季地上部分茎叶枯萎后进行，先割除地上部分，然后挖取全根，采收时注意不要将根挖断或碰伤，以免造成减产和商品质量下降。一般亩产干货150~250kg。

（二）初加工

根挖出后，去净泥土，剪掉残茎、根须和芦头，晒至七八成干时剪去侧根及须根，分等级捆成小把再晒至全干，即成商品。

第四节　丹　参

一、选地与整地

丹参喜温暖湿润的环境。宜选阳光充足、排水良好、土层疏松肥沃的腐殖质地或沙质壤地。过于水涝或荫蔽处均不宜栽培，可种植在山坡、田园、庭院周围旷地，也可间作于桑地、茶园或果园中。可与玉米、小麦、薏苡、大蒜、蓖麻等作物或非根中草药轮作，不宜与豆科或其他根类中草药轮作。忌连作。种植前，每亩施堆肥或腐熟厩肥2 000~3 000kg，深耕细耙，做成宽100~150cm、高20~30cm的畦备用。

二、繁殖方法

主要有分根、芦头和种子繁殖法。

（一）分根繁殖

早春初发芽前或秋末地上茎叶枯萎后，将根挖出，选粗壮条长的肉质根，截成 5~7cm 小段，稍晾，按行株距 30cm×20cm 开穴，穴内施充分腐熟符合无害化卫生标准的农家肥，每穴栽 1~2 段，栽时要注意原来上端的要向上，不能倒栽，栽后覆细土，浇透水，盖草。每亩用种根量 40~50kg。

（二）芦头繁殖

3 月上中旬，挖取无病虫害的健壮植物，从芦头下 2.5~3cm 处剪断，剪下粗根入药，将细于 0.5cm 的根连同莲座状叶的芦头作种，按行株距 30cm×20cm，栽于已整理好的畦地内，栽后浇水，40~50 天长新根。每亩用芦头量30~40kg。

（三）种子繁殖

分育苗移栽和直播，两法均可在 3 月下旬或 4 月上旬播种，也可在当年 11 月中下旬播种。丹参种子细小，发芽率在 70%左右，在 18~20℃和一定的湿度下播后 15 天即可出苗，苗高 3cm 时进行第 1 次间苗。苗高 5~7cm 时，直播可按行株距 30cm×20cm 定苗；育苗者按 15cm×10cm 定苗，并于当年秋或翌年春移栽于大田。每亩播种量为 0.5kg。

此外，丹参还可以采用茎插法及细胞培养进行繁殖，对加速和扩大丹参的栽培生产，提高产量和质量有一定意义。

三、田间管理

（一）补苗

开春后，当丹参新苗出土后，首先要查看苗情，若有缺棵，应及时补上。

（二）中耕除草与施肥

丹参生长期，每年应中耕除草和施肥 2~3 次，第 1 次在 4 月中下旬，苗高 10cm 左右进行中耕除草后，亩施充分腐熟符合无害化卫生标准的人粪尿 1 000kg，施在根旁；第 2 次在 6 月下旬，此时正是丹参生长和根系增粗的旺盛期，亩施较浓的腐熟人粪尿2 000kg和加施过磷酸钙20~30kg；第3次施肥通常在8月中下旬，此时是丹参生殖器官发育重要阶段，亩施腐熟的饼肥100~200kg，另用2%的过磷酸钙根外喷肥，可以促使种子充实，提早成熟。

（三）排灌

注意做好灌溉和雨季排积水工作，丹参生长期不可干旱，尤其是出苗期和移栽期，干旱时及时浇水，经常保持土壤湿润，否则叶片焦脆，影响生长和根的产量。雨季及时排水，避免水涝，造成烂根。

（四）摘除花薹

开花结实要消耗大量养分，使根产量降低。对不收种的丹参田，必须及时分批分期除去花序，避免营养物的消耗。

四、采收与初加工

（一）采收

用芦头、分根繁殖的丹参一般于栽后翌年的10—11月地上部分枯萎或第3年春没有发芽前采收；种子繁殖的一般在第3年秋或第4年春采收。采收宜选晴天。由于丹参根系疏散且脆嫩易断，故采挖时应注意先刨根际周围泥土，再将整个根蔸挖出。每亩产干品丹参药材150~200kg。丰产田，可达300kg。

（二）初加工

挖起后，抖净泥土，除去茎叶，切下芦头栽植，收集主根，削去根须，暴晒至七八成干，整理扎成小把，再暴晒至干。如遇阴雨天，可用微火烘干，装箱为“条丹参”。据测定，第4季度采收的丹参，其丹参酮Ⅰ、丹参酮ⅡA及次甲丹参酮的含量比其他季节收获的要高2~3倍。

将干燥的根，装入竹篓、木箱、麻袋中，防虫蛀、防霉。

第五节　天　麻

一、选地与整地

宜选富含有机质、土层深厚、疏松的沙质壤土。以富含腐殖质、疏松、排水良好、常年保持湿润的生荒坡地为最好。土壤 pH 值 5.5~6.0 为宜。忌黏土和涝洼积水地，忌重茬。整地时，砍掉地上过密的杂树、竹林，清除杂草、石块，便可直接挖穴或开沟种植。

二、菌材的培养

天麻的繁殖方法有两种，即块茎繁殖和种子繁殖。无论采用种子繁殖还是块茎繁殖，均需制备或培养菌种，然后用菌种培养菌材（即长有蜜环菌的木材），再用菌材伴栽天麻。优质的菌材是天麻产量和质量的根本保证，因此生产上也利用专业培育的菌材伴栽天麻。这是因为优质菌材木质营养丰富，蜜环菌生长势旺，天麻接菌率高，产量高，质量好；若用已腐的旧菌材直接伴栽天麻，则会因为木料缺乏营养，蜜环菌长势弱而影响天麻产量与质量。

三、田间管理

（一）覆盖免耕

天麻栽种完毕，在畦上面用树叶和杂草覆盖，保温保湿，防冻和抑制杂草生长，防止土壤板结，有利土壤透气。

（二）水分调节

天麻和蜜环菌的生长繁殖都需要较多水分，但各生长阶段有所不同，总体上是前多后少。早春天麻需水量较少，只要适量水分，土壤保持湿润状态即可。进入 4 月初开始萌发新芽，需水量增加，干旱会影响幼芽萌发率和生长速度，同时也影响密环菌生长。以后天麻生长加快，对水的要求也逐渐增加。7—8 月是天麻生长旺季，需水量最大，干旱会导致天麻减产。9 月下旬至 10 月初天麻生长定型，将进入休眠期，水分过大蜜环菌会为害天麻。11 月至翌年 3 月天麻处于休眠期，需水量很少。

天麻是否缺水可刨穴检查新生子麻幼芽颜色，变黄则提示缺水。在干旱季节和缺水地区，一般每隔 3~4 天浇 1 次水，但 1 次水量不宜过大，应勤浇勤灌，保持土壤湿润。土壤积水或湿度过大，会引起天麻块茎腐烂，应及时排水。尤其到了雨季，要注意及时开沟排水，在暴雨或连续降雨时可覆盖塑料膜防水。

（三）温度调节

6—8 月高温期，应搭棚或间作高秆作物遮阴；越冬前要加厚盖土并盖草防冻。春季温度回升后，应及时揭去覆盖物，减少盖土，以增加地温，促进天麻和蜜环菌的生长。

（四）除草松土

天麻一般不进行除草，若是多年分批收获，在 5 月上中旬箭麻出苗前应铲除地面杂草，否则箭麻出土后不易除草。蜜环菌是好气性真菌，空气流通有利其生长，故在大雨或灌溉后应松动表土，以利空气通畅和保墒防旱。松土不宜过深，以免损伤新生幼麻和蜜环菌菌索。

（五）精心管理

天麻栽后要精心管理，严禁人畜踩踏，人畜践踏会使菌材松动，菌索断裂，破坏天麻与蜜环菌的结合，影响天麻生长，大大降低天麻产量。

四、采收

天麻一般在立冬后至翌年清明前采挖，此时正值新生块茎生长停滞而进入休眠时期。采收时，先将表土撤去，待菌材取出后，再取出箭麻、白麻和天麻，轻拿轻放，以避免人为机械损伤。选取麻体完好健壮的箭麻作有性繁殖的种麻，中白麻、小白麻、米麻作无性繁殖的种麻，其余加工成产品。天麻亩产鲜重一般为 1 200kg 左右。

第六节　半　夏

一、种植模式

从半夏的栽植研究和实践来说，在采用的各类种植模式中，套种和间作模式的应用获得了不错的成效，能够改善半夏生长的微环境，有助于增加半夏的产量，并且能够提高土壤空间的利用率。采用轮作种植的模式，由于种植的作物对栽植土壤养分需求差异，通过轮作的方式能够减轻土壤肥力不平衡压力，同时减轻病虫为害。贵州地区半夏栽培实践中，将其与马铃薯间作栽培，获得了改善土壤养分的效果；半夏和苦荞麦轮作的效果甚佳；其与玉米套作的效益较好，能够增加半夏栽植的产量。实际上半夏能够和多类作物轮作或者套种，需要合理选择栽培模式，进而获得不错的成效。选择具体的栽培模式时，要结合栽植土壤条件，同时考虑其他种植作物的生长规律以及养分需求，为其提供良好的生长发育环境和种植模式。

二、整地

从半夏的生长特点来说，其适宜栽植在排灌条件良好、疏松肥沃的土壤中，不可以种植在贫瘠土壤中。以贵州毕节地区为例，在高海拔区域栽植半夏，选择石灰岩发育形成的黄灰泡土栽植半夏，获得的产量较高。对半夏的栽植地，要做好深耕处理，做好土壤碎石和其他杂物的处理。按照精耕细耙的原则，保证土壤上虚下实，为植物扎根提供良好条件，保证土壤的通气性和保水保肥能力，全面增强半夏吸收养分的能力以及抗旱能力。

三、播种期与播种量

从半夏的栽培实践来说，做好播种期的控制，对保证半夏发芽生根的效果有积极作用，其直接影响着半夏的出苗次数和倒苗次数。因为各个区域的海拔高度以及水热条件存在差异，因此要结合半夏的特性，同时根据区域的生态环境特点，选择半夏的最佳播种期。若想保证半夏实现高产栽培，需做好播种量的严格把控。

四、施肥

从土壤的养分角度来说，养分的高低对植物品质以及产量有很大影响，因此为实现半夏高产优质高效栽培，要做好施肥的控制。为保证施肥的合理性，需要做好土壤养分情况的调查，合理运用施肥技术，保证其品质以及产量。半夏的优化栽培模式施肥量如下：①有机肥施加量为 4.28~4.72kg/m^2。②氮肥施加量为 16.04 ~ 18.01kg/m^2。③磷肥施加量为 25.06 ~ 28.94kg/m^2，半夏块茎产量能够达到 1.5kg/m^2。需要注意的是，施加肥料时需结合土壤肥力实际情况开展，保证土壤养分的平衡性，为半夏提供优质的生长环境以及条件。

五、生育期管理

生育期管理主要包括除草、排水灌溉、追肥、摘花蕾等内容。在具体实践中，要严格按照各项工作内容和要求进行，以除草作业为例，半夏属于矮秆作物，生育期间如果田间生长的杂草很多，则会影响半夏吸收养分，因此需要做好除草工作。

贵州地区在半夏生育期开展除草工作，采取冬季处理的方式，在栽培地块煅烧作物根茎叶等杂物，实现杂草清除的同时，达到病虫预防的目的。总体来说，在半夏的生育期内，必须要严格按照管理要求，做好各项管护工作，为其营造良好的生长环境，保证其水肥充足，同时拥有充足的养分，进而保证半夏高产优质高效栽培目标的实现。

六、半夏采收和加工

实现半夏高产优质高效栽培的目标，需做好采收和加工环节的把控。在具体实践中，合理选择采收时间和加工时间，对保证半夏的产量和质量有很大影响。若采收时间过早，半夏块茎发育不完全，那么产量以及有效成分含量会很低；若采收过晚，则难以去皮，同时影响产品的粉性。应结合半夏的生长情况以及栽培区域的气候特点，合理选择采收以及加工的时间，做好全面的把控。

第七节　当　归

一、科学选苗

在选择育苗的过程中，应尽量选择表面光滑、侧根较少、较为柔软、没有病害以及机械损伤，百苗重为 80~100g 的种苗。在土壤解冻以后，就可以进行栽种。

二、除草管理

通常在每年的 4 月底 5 月初就要对当归进行第一轮除草处理。在实际的除草过程中，应尽量选择人工方式，从而有效减少化学类除草剂对当归的生长以及质量所造成的影响。

三、采收

当归通常在霜降已经结束的 10 月底进行采收。在实际的采收过程中，通常采用人工挖掘的方式，以防因损伤当归头而使当归的完整性受到了破坏。

第八节　柴　胡

一、合理种植

在种植前，将种子与细沙搅拌在一起，比例为 1∶3，搅拌均匀之后进行播种。按照行间距 21cm 的规格创建播种沟，深度为 2.5cm，将种子均匀地播撒在沟中，之后用扫帚轻扫土壤，使其覆盖在种子上面。

二、追肥

在植株的实际生长过程中，应结合土壤的肥力特点进行追肥处理，通常情况下，每年追肥 2 次。

三、排水防涝

柴胡的生长过程中，表现出喜欢干旱、害怕涝灾的特点。在多雨季节，应及时清理沟内雨水，进行合理排水工作，预防根腐病的发生。

第九节　党　参

一、补苗除草

对于移栽未成活种苗要及时补苗，苗长 6cm 时除草，每年

2~3 次即可，追肥时可适当除草。

二、追肥

若基肥较足可不必追肥。若基肥少，又或者是党参茎叶生长不旺，就需要及时施加有机肥，也可施用适量的硫酸铵、硫酸钙。

三、搭架

当党参苗长到 30cm 时就要搭架，以提升其产量。树枝插入其根旁就会自行缠绕。

四、收获

党参在管理到位情况下在当年“白露”时采收，挖出时禁忌伤根或挖断。清洗干净分级后即可售卖。

第十节　三　七

一、选地整地

三七适宜生长于温暖地带，因其抗湿能力弱，应选择排水良好的斜坡地（坡度 20°~30°）。种三七的土壤最好是肥黑疏松或带沙质的黑土，次为灰土，黏性较大的则不宜种植。

二、采种育苗

于 11—12 月间采种时，选择 3~4 年无病虫害的植株种子，最好在阴天随采随播。如将种子收回，只宜阴干，不宜在阳光下暴晒。收回种子，最多不超过 15 天，否则发芽率低。

三、收获与加工

三七种植 3~4 年后即可采收，若三七无其他毛病的，可继续留种 10 年以上（三七头越大越好）。采收一般在每年的 6—7 月（即开花之前），这时所采收的三七根茎多为圆罐状饱满结实（俗称春七），质量好；开花后采收的三七，质量较差。

第七章　名优水产生态养殖技术

第一节　中华鳖

一、养殖要点

（1）选择健康纯正的苗种。苗种来自国家、省、市原种场或良种场，规格整齐健壮。

（2）稚鳖肥水下塘，防止白点病感染。稚鳖池加水15~20cm，施生物肥水素以肥水，4~5天后水色呈嫩绿色时，将经消毒的鳖苗投放入池，放养量为30~50只/m^2。

（3）幼鳖分阶段控温养殖，缩短养殖周期。每年9—11月、翌年3—5月对当年稚鳖进行升温，水温控制在（30±2）℃以内；防止水温、水质的剧烈波动，每天变幅在1~2℃，防止缺氧。

（4）水质优化调控。每隔10~15天用光合细菌生态制剂调节水质1次，增加气泵充氧，使池底的有机质充分氧化，保持水体中有益的藻相和菌相系统。

（5）科学词喂管理。①投喂全价配合饲料，每日2次，每次以40min后吃完为宜。②定期（每月2次，每次连续3~5天）投喂健胃促长、清热解毒、提高免疫力的中草药和一些营养性补充剂。一旦发生病害，选择高效低毒的药物治疗，严禁使用违禁药品，并严格掌握休药期。③温室越冬期间，采用双层塑料保温，维持棚内水温3~6℃，水深保持80cm以上，尽量避免冻伤池鳖。④冬眠后，及时改善水质，增氧升温，投喂适口性强的饲料，以恢复中华鳖的体质。

二、养殖模式

温室集约化养殖；仿生态养殖；池塘鱼鳖混养；大水面生态养殖；稻田养殖。

三、主推模式与关键技术

（一）主推模式

根据北方气候条件和资源状况，综合多年的养鳖经验以及大批的科研成果，形成“河北省中华鳖健康仿生养殖模式”，该养殖模式也适宜在我国华北、西北等地推广。

（二）关键技术

南方的仿生养殖，大多直接将鳖种放入露天水域，粗放管理，周年亩产在 150kg 以下。而北方水资源相对匮乏，自然条件下 4~5 年才能达到 500g。由此可见，如果用南方模式在我国北方地区推广，则有很大的局限性。因此，该模式在温室集约化养殖的基础上创造良好的仿生环境，1.5~2 年养成了高产、优质的仿生鳖。其采取的主要技术如下。

（1）稚鳖、幼鳖两头加温，隆冬季节自然冬眠。即在越冬前期和越冬后期加温养殖，中期不升温，使鳖自然越冬。这种模式既满足了鳖的越冬习性，又加快了鳖的生长速度。如果商品鳖规格定位在 1kg 以上，则第 2 个冬天不再加温使其自然越冬。

（2）改善养殖池的小生境。

①设置鳖巢。用水泥板等制成“门”字形的躲藏台，置于池壁的四周，按鳖总量的 15%~25% 吊挂尼龙网兜、蒲草包作为鳖巢，鳖巢入水 10~15cm。这样可有效防止鳖的相互撕咬，降低伤残率。

②搭建晒背台。一般每 20~30m^2 设 2m^2 的晒背台 1 个，材料可用水泥板或玻璃钢瓦、木板、竹筏、石棉瓦等，晒台设置

要向阳，便于鳖的爬上爬下。食台、躲藏台均可兼做晒台。

③无沙养殖。大量实验表明。池底铺沙后，鳖池内的有机物就会与泥沙混在一起，成为厌氧致病菌滋生的温床。无沙养殖，水质易调控，排污清淤方便，可显著降低鳖感染发病的概率，提高生长性能。

④移栽水生植物。利用水草吸收水体中的氮、磷，降低氨氮、亚硝酸盐是目前最环保、最经济的方法之一。按 10%~20% 的面积将水草在鳖种放养 7 天前固定好，根据其长势、水体情况，适时补充。通过对水质理化因子、水草寿命及繁殖力等综合因素比较，种植空心菜、水花生、水葫芦效果较好。

（3）利用微生态制剂肥水、调水，维持合理的菌相和藻相平衡。微生态制剂，绿色环保，无任何刺激，利用其肥水、调水，可迅速增加硝化细菌、反硝化细菌、硫化细菌等有益菌群的数量并使之成为优势种群。经过每月 2~3 次的连续使用，水体长期保持肥、活、嫩、爽；节水率达到 30%~50%，发病率降低 50%以上。

（4）销售前期，降低密度，充气增氧，搭配天然饵料。销售前 4 个月左右，养殖密度降低至 2~3 只/m^2；每 3m^2 布置 1 个散气石，连续充气 6h 以上；按配合饲料 70%、新鲜杂鱼或动物肝脏 20%（消毒后煮熟、搅碎成糜）、新鲜蔬菜 10%（搅碎）混合投喂，1h 后清除残饵。

（三）仿生养殖效果

采用以上措施饲养的鳖，野性十足，与野生鳖外观、风味、营养几乎无异，售价超出同规格集约化养殖鳖 30 元/kg，折合周年亩产 800~1 300kg，亩效益 3 万元以上。特别是养殖期为 20~24 个月、规格在 1 000g 左右的模式，售价可达 120 元/kg 以上。

该模式也可以与露天池塘养殖结合起来，采用 2 级仿生养殖，即在棚内将中华鳖集约化养至 250g 以上，转入外塘自然养殖 12~18 个月，放养密度为每亩 1 200~1 500只，同时按 2∶1 的比例套养大规格鲢、鳙鱼种 300 尾/亩，移栽浮萍、轮叶黑藻、水葫芦，面积为水面的1/10；搭配投喂新鲜杂鱼（按饲料干重1/4）和适量蔬菜，这样获得的商品鳖质量更胜一筹。

第二节 蟹虾类

一、蟹

1. 蟹池的选择与改造

河蟹养殖池应选择靠近水源，水质清新、无污染，进、排水方便的土池。池塘面积以10~30亩为宜，池深为1.2~1.5m，坡度为1：（2~3）。池塘底部淤泥层不宜超过10cm，塘埂四周应建防逃设施，防逃设施高60cm，防逃设施的材料可选用钙塑板、铝板、石棉板、玻璃钢、白铁皮、尼龙薄膜等材料，并以木、竹桩等作防逃设施的支撑物。电力、排灌机械等基础设施配套齐全。

2. 生态环境的营造

（1）清塘消毒。养殖池塘应认真做好清塘消毒工作，具体操作方法为在冬季进行池塘清整，排干池水，铲除池底过多的淤泥（留淤泥5cm），然后冻晒1个月左右。至蟹种放养前2周，可采用生石灰加水稀释，全池泼洒，用量为150~200 kg/亩。

（2）种植水草。在池塘清整结束后，即可进行水草种植。根据各地具体的环境条件，选择合适的种植种类，沉水植物的种类主要有伊乐藻、苦草、轮叶黑藻等，浮水植物的种类主要有水花生等。池塘内种植的沉水植物在萌发前，可用网片分隔拦围，保护水草萌发。

（3）螺蛳移殖。具体方法为每年清明节前河蟹养殖池塘投放一定量的活螺蛳，投放量可根据各地实际情况酌量增减。螺蛳投放方式可采取一次性投入或分次投入法。一次性投入法为在清明节前，每亩成蟹养殖池塘，一次性投放活螺蛳300~

400kg；分次投入法为在清明节前，每亩成蟹养殖池塘，先投放100~200kg，然后在5—8月每月每亩再投放活螺蛳50kg。

3. 合理放养蟹种

蟹种要求体质好、肢体健全、无病害的本底自育的长江水系优质蟹种。放养蟹种规格为100~200只/kg，投放量为500~600只/亩，可先放入暂养区强化培育。蟹种放养时间，为3月底至4月中旬，放种前1周加注经过滤的新水至0.6m。

4. 科学饲养管理

河蟹养殖饲料种类，分为植物性饲料、动物性饲料和配合饲料。各种饲料的种类和要求为：植物性饲料可用豆饼、花生饼、玉米、小麦、地瓜、土豆、各种水草等；动物性饲料可用小杂鱼、螺蛳、河蚌等；配合饲料应根据河蟹生长生理营养需求，按照《饲料卫生标准》（GB 13078—2017）和《无公害食品渔用配合饲料安全限量》（NY 5072—2002）的规定制作配合颗粒饲料。

各生长阶段的动、植物性饲料比例为：6月中旬之前，动、植物性饲料比例为60∶40；6月下旬至8月中旬为45∶55；8月下旬至10月中旬为65∶35。日投喂饲料量的确定，3—4月控制在蟹体重的1%左右；5—7月控制在5%~8%；8—10月控制在10%以上。每日的投饲量，早上占总量的30%，傍晚占70%。每次投喂时位置应固定，沿池边浅水区定点“一”字形摊放，每间隔20cm设一投饲点。

5. 池塘水质调节与底质调节

池塘水质要求原则为“鲜、活、嫩、爽”。养殖池塘水的透明度应控制在30~50cm，溶解氧控制在5mg/L以上。养殖池塘水位3—5月水深保持0.5~0.6m，6—8月控制在1.2~1.5m（高温季节适当加深水位），9—11月稳定在1~1.2m。在整个养殖期间，池塘每2周应泼洒1次生石灰。生石灰用量为10~15kg/亩。

河蟹养殖期间，应尽量减少剩余残饵沉底，保持池塘底质干净清洁，如有条件可定期使用底质改良剂（如微生物制剂），使用量可参照使用说明书。

二、小龙虾

（一）池塘准备

1. 池塘条件

小龙虾对养殖池塘条件要求不高，面积一般在 10 亩左右，水深在 1~1.5m，设浅水区和深水区，浅水区占全池 2/3 左右，池塘土壤以黏土或壤土为宜，保水性好。塘底平坦，塘埂坚实坡比 1∶2.5，两侧挖有洼漕，便于排水，四周野杂树木要清除干净，光照充足。建造进排水设施，水源要求清洁无污染。

2. 防逃设施

塘埂四周用聚乙烯网围成倒檐状，防逃网露出地面 50cm，入土 30cm，倒檐宽 40cm，夹角 60°左右。进出水口用筛网过滤，防止小龙虾逃逸及野杂鱼、敌害生物进入池塘。

3. 清整消毒

在放养前 20 天左右，排干池水，清除过多的淤泥，每亩用生石灰 150kg 左右，彻底消毒杀灭细菌等病原体及敌害生物。

4. 施肥种草

水草种植面积占全池的 1/3~1/2，水草品种有马莱眼子菜、伊乐藻、轮叶黑藻、水葫芦等。养殖池中要架设微机增氧设施，风机功率每亩配备 0.2kW。每亩水面施用腐熟的有机肥 500kg，培育线虫、枝角类、桡足类等浮游生物。池水水深保持在 30cm，待水温正常回升，清塘前种植水草。

（二）苗种放养

3—5 月放养规格 150~300 尾/kg 的龙虾苗 0.8 万~1.5 万尾/亩，如池塘条件好，养殖经验足的可增加到 2 万尾/亩以上。放养时间通常在3—5月进行，有些地区在10—11月放养种苗，这时的幼虾个体较小，并且要经过越冬，因放养量适当提高，一般每亩放养1.5万~2万尾。同一池塘放养的虾苗规格要求整齐，1次放足。因小龙虾有地域占有习性，1次放足可避免造成领地争端，减少相互残害。种苗要求体质健壮，附肢齐全，无病无伤，生命力强。虾种购回后，不应立即下塘而应浸水处理，每次浸水时间2min左右，间隔3~5min，持续2~3次，让其充分吸水，适应池水温度，以促进成活率。也可直接用池水缓冲10min，再放入塘中。放养前用3%~5%的食盐水浸泡10min左右，杀灭寄生虫和致病菌。

（三）饵料投喂

以天然饵料和人工饵料相结合，根据龙虾生长特点，要求幼虾饲料蛋白质含量大于30%，成虾的饲料蛋白质大于20%，饲料溶散时间在5h以上。日投喂两次分别在7—9时和17—18时，以傍晚为主，傍晚投饵量占日投饵量的70%，在春季和晚秋水温较低时，在傍晚投喂1次即可。饲料应在岸边浅水处，池中浅滩和虾穴附近多点散投，投喂量以2h吃完为度。

（四）水质调控

适时控制进排水量和池塘水位。养殖小龙虾的池水要掌握“春浅夏满，先肥后瘦”的原则。早春适当施肥透明度控制在30cm左右，夏季透明度控制在40cm以上。养殖后期每周加水或换水一次，每次15~30cm。高温季节每3~5天换水1次，每次换水30cm，保持水体“嫩、活、爽”。养殖期间每隔15~20天泼洒1次生石灰，用量为每亩10kg，或泼洒一次微生物制剂。养殖池塘的水位要根据季节的变化而定，春季水位一般保持0.6~1m，夏季水位可控制在1.5m左右。

（五）日常管理

1. 水草养护

早春要浅水、施肥、早投饲，促进水草生长，夏天水草旺盛时要定期刈割，避免水草老化死亡，引起水质变化。

2. 早晚巡塘

观察小龙虾的生长、活动、摄食、蜕壳和死亡情况，注意水质的变化，定期测定水温、透明度、溶解度、pH 值等指标，发现问题及时解决。高温季节应开启增氧机或微孔增氧设备，通常晴天 14 时左右开机 1.5h，1 时后开机到天明，闷热天气或出现浮头时要及时开机。

3. 检查防逃设施

看看有无破损现象，有无老鼠破坏，遇到大风、暴雨天气更要检查，及时修复，以防损坏防逃设施而逃虾。

4. 做好塘口记录

记录要专人负责，内容翔实，记录时尽量不用总结性语言。

（六）病害防治

小龙虾养殖和养鱼一样，病害应以预防为主，防治结合，小龙虾的病害主要在 5—7 月发生，就要提前预防。具体措施如下。

（1）移植好水草，水草不仅给小龙虾提供蜕壳场所和庇荫场所，还具有药理作用，起到防病作用。

（2）控制好存塘虾量，保持适宜的密度，既有利于生长，又有利于防病。

（3）提早投喂精饲料，提高小龙虾的抗病能力。

（4）调控好养殖水质，定期泼洒生石灰或微生物制剂和光合细菌等改善水质。pH 值保持在 7.5~8.5，当 pH 值超过 8.5 时，停用生石灰，过多使用反而会引起小龙虾对钙的吸收，虾壳反而会变软。

（5）高温季节每隔 20 天用二氧化氯对水体进行消毒 1 次，杀死致病菌。

（6）每隔一段时间投喂一次药物饲料，连投 5~7 天，药物饲料的制作方法为0.2%维生素C加2%强力病毒康，水溶后用喷雾器喷在饲料上晾干再投喂。

(7) 小龙虾养殖过程中的敌害生物有鸟类、老鼠和小杂鱼，对鸟类采取驱赶的方法，可在虾塘四周拉几条泥龙绳或钓鱼线，当鸟碰到线时，一惊吓，下次鸟就不敢再来了；对老鼠可采用药物灭杀的方法；对小杂鱼一是进水时用网过滤，二是放养适量的鳜鱼控制，三是用杀鱼药物拌配合饲料杀灭。

(七) 捕大留小

小龙虾由于个体生长发育速度差异较大，养殖过程中要及时捕大留小，稀疏存塘虾量，苗种放养1个多月后就可以开始捕捞，一般用地笼诱捕，地笼网目要大一点，在2cm以上，减少幼虾的捕出率，捕捞的动作要快、轻，拣出的幼虾要及时回塘，这样有利于虾的生长，提高产量，也可根据季节差，掌控好捕捞强度。在捕捞中发现有红壳虾，无论大小要及时捕出，因小龙虾蜕1次壳生长1次，红壳虾几乎不再退壳，无饲养价值。在10月底除计划留种塘外，捕出池中所有的虾，清塘消毒，准备翌年养殖。

第三节　黄　鳝

一、建好养殖池

饲养黄鳝的池子，要选择避风向阳、环境安静、水源方便的地方，采用水泥池、土池均可，也可在水库、塘、水沟、河中用网箱养殖。面积一般20~100m²。若用水泥池养黄鳝，放苗前一定要进行脱碱处理。若用土池养鳝，要求土质坚硬，将池底夯实。养鳝池深0.7~1m，无论是水泥池还是土池，都要在池底填肥泥层，厚30cm，以含有机质较多的肥泥为好，有利于黄鳝挖洞穴居。建池时注意安装好进水口、溢水口的栏鱼网，以防黄鳝外逃。放苗前 10 天左右用生石灰彻底消毒，并于放苗前 3~4 天排干池水，注入新水。

二、选好种苗

养殖黄鳝成功与否，种苗是关键。黄鳝种苗最好用人工培育驯化的深黄大斑鳝或金黄小斑鳝，不能用杂色鳝苗和没有通过驯化的鳝苗。黄鳝苗大小以每千克 50~80 个为宜，太小摄食力差，成活率也低。放养密度一般以每平方米放鳝苗 1~1.5kg 为宜。

三、投喂配合饲料

饲料台用木板或塑料板都行，面积按池子大小自定，低于水面 5cm。投放黄鳝种苗后的最初 3 天不要投喂，让黄鳝适宜环境，从第 4 天开始投喂饲料。每天 19 时左右投喂饲料最佳，此时黄鳝采食量最高。人工饲养黄鳝以配合饲料为主，适当投喂一些蚯蚓、河螺、黄粉虫等。人工驯化的黄鳝，配合饲料和蚯蚓是其最喜欢吃的饲料。配合饲料也可自配，配方为鱼粉 21%、饼粕类 19%、能量饲料 37%、蚯蚓 12%、矿物质 1%、酵母 5%、多种维生素 2%、粘合剂 3%。

四、饲养管理

生长季节为 4—11 月，其中旺季为 5—9 月，要勤巡池，勤管理。黄鳝的习性是昼伏夜出。保持池水水质清新，pH 值为 6.5~7.5，水位适宜。

五、预防疾病

黄鳝一旦发病，治疗效果往往不理想。必须无病先防、有病早治、防重于治。要经常用 1~2mg/kg 漂白粉全池泼洒。在黄鳝养殖池里套养泥鳅，还可减少黄鳝疾病。

第四节　泥　鳅

泥鳅，又称鳅鱼，在分类上属鲤形目、泥鳅科、泥鳅属。主要分布于我国的淡水河流、沟渠、水田、池塘、湖泊等，是较常见的淡水经济鱼类。

一、养殖技术

池塘养殖平均亩产550kg，利润为5 000元；稻田生态养殖，平均亩产220kg，利润为2 000元。

（一）泥鳅的稻田生态养殖技术

稻田养殖泥鳅，是一种生态型水产养殖。泥鳅个体比较小，适宜在稻田浅水环境中生长。在稻田里，泥鳅经常钻进泥中活动，能够疏松田泥，有利于有机肥的快速分解，有效地促进水稻根系的发育；稻田中的许多杂草种子、害虫及其卵粒，都是泥鳅的良好饵料；同时泥鳅的代谢产物，又是水稻的肥料。所以在稻田中养殖泥鳅，能够相互促进，达到稻、鳅双丰收。根据各地稻田养殖泥鳅的成功经验，现将其技术要点总结如下。

1. 稻田及水稻品种的选择

要求稻田保水性能好，水源充足，排灌方便，稻田面积宜小不宜大。要求水稻品种抗病、耐肥、抗倒伏，单季中、晚稻比较适合，直播或者插秧均可。

2. 田间开挖沟渠

鱼沟的设置，解决了种稻和养殖泥鳅的矛盾。鱼沟是泥鳅游向田块的主要通道，可使泥鳅在稻田施肥、施药等操作时，有躲避场所。开沟面积，至少占稻田面积的5%，做到沟沟相通，不留死角。鱼沟在栽种前后开挖，深、宽各为0.4m，结合环沟的开挖，可以根据田块的大小，最后鱼沟开成“田”字形或者“井”

字形。在栽秧田块中开沟时，可将沟上的狭苗分别移向左右两行，做到减行不减株，利用边行优势，保持水稻产量。环沟宽为2m，深为1.5m，开挖环沟的泥土，可用来加固田埂。

3. 设置防逃网

用宽幅为1.5m的7目聚氯乙烯网片做防逃网。防逃网紧靠四周田埂，至少下埋0.4~0.5m，用木桩、毛竹、铁丝固定。

4. 设置拦鱼栅

建成弯拱形。进水口凸面朝外，出水口凸面朝内，既加大了过水面积，又使之坚固，不易被水冲垮。拦鱼栅的设置，与防逃网一样，可与防逃网同时施工。

5. 苗种投放

(1) 时间。每年6月底7月初雨季来临时，天然野生泥鳅苗种被大量捕捞上市，这时的泥鳅价格在1年当中最为便宜，要抓住这一有利机会及时收购。人工苗种在水稻返青后投放。

(2) 品种选择。针对韩国市场需求，应该选择大鳞副泥鳅进行养殖。大鳞副泥鳅，也称黄板鳅、扁鳅。真泥鳅，又叫泥鳅、圆鳅、青鳅，可养殖真泥鳅供应国内市场。

(3) 规格选择。同一田块，应该选择规格一致的泥鳅苗种，这样便于日后的管理。用泥鳅筛非常方便，可以把泥鳅按规格分开。

(4) 泥鳅体质的选择。要求泥鳅体表光滑，色泽正常，无病斑，无畸形，肥满。除去烂头、烂嘴、白斑、红斑、抽筋、肚皮上翻、游动无力、容易被捕捉的泥鳅个体。

(5) 具体操作方法。把泥鳅放置在泥鳅专用筐中，用水激的方法刺激泥鳅，泥鳅就会上下钻动，健康的泥鳅会钻到下面，体弱无力者在上面，其他小鱼、小虾、杂质也会在上面，这时用小盆在泥鳅表层把不健康泥鳅和杂质舀去就可以了，剩下的泥鳅再次进行人工挑选即可。

(6) 投放量。收购的野生苗种，每亩投放75~100kg。投放规格为体长 5cm 的人工苗种，每亩 4 万尾，40kg 左右。

（7）泥鳅苗种的运输。用泥鳅专用箱运输。每只箱子存放泥鳅苗种 10kg，加水 8~10kg，用板车送到稻田。路程较远的要降温运输，以确保泥鳅运输的成活率。

6. 泥鳅苗种的消毒

经过人工挑选后，要及时进行消毒。药物一般选择高效低毒消毒剂，用聚维酮碘较为安全。10% 的聚维酮碘溶液，用 0.35mg/L 的浓度药浴，消毒 5min 后及时下塘。

7. 日常管理

（1）巡塘。从投放苗种的第二天开始，就要沿稻田四周巡田查看，及时捞取病死泥鳅，防止其腐烂变质影响稻田水质，传染病害。以后每天坚持巡田，观察泥鳅的活动、摄食等情况，观察防逃网外有无泥鳅外逃，如发现有外逃鳅苗，即要及时检查、修复防逃网；根据剩饵情况，及时调整下次投饵量。

（2）消毒。第 3 天就要进行消毒处理，使用 10%的聚维酮碘溶液时，浓度为 0.25mg/L，使用强氯精，其浓度为 0.35mg/L，两种药物也可交替使用，效果更好，1 天 1 次，一般 3 天 1 个疗程。

（3）投喂。苗种投放后第 3 天，开始投喂饲料。稻田每亩每天投喂 1 次，稻田用量为 1~2kg 即可，投料时间为 18 时。经过 7~10 天驯化，泥鳅基本都能在稻田水沟里进行摄食。一般投喂饲料量，在 1~2h 后没有剩余为准。使用的饲料为泥鳅专用全价配合饲料，也可自己配制。稻田中天然饵料比较丰富，即使不投饵，也可获得一定的产量。

8. 稻田的管理

按照一般的方法管理即可，在施肥时注意要少量多次进行，不能对泥鳅造成伤害。施肥原则为重施基肥，少施追肥。每亩每次追肥用量为：尿素 10kg 以下，过磷酸钙 12kg 以下。水稻用药应该选择高效低毒农药，为了防止伤害泥鳅，采取分片施药的办法进行。

通过3~4个月的精心饲养，泥鳅达到上市规格，在天气转凉之前及时起捕出售。起捕工具主要是地笼网。使用地笼起捕时，应注意水温的变化。水温在20℃以上时，起捕率较高；水温在15~20℃时，起捕率一般达95%；当水温在10℃以下时，起捕率只有30%左右。建议尽早起捕，根据市场行情出售，也可以暂养到冬季再出售。

（二）泥鳅池塘养殖

1. 养殖池塘的选址及塘口要求

养殖泥鳅池塘的准备：面积为1~2亩，池塘深为1~1.5m，东西走向，长宽比1：（2~2.5），池底淤泥保持10~15cm，池底在进水口略高些，排水口最低，这样便于操作。池塘具有独立的进、排水系统。高密度养殖池塘，还要在池塘的四周加设栏网防逃。

选择水源充足、水质良好、土质为壤土或黏土的池塘，黄土最佳，交通方便，环境相对安静。

每口池塘面积1~2亩，最大不超过3亩，池深1m，水深保持0.5~0.6m，进水口高出水面0.5m以上。用阀门控制水流量。排水口与池塘正常水面持平，排水底孔处于池塘最低处。排水口用防逃网罩上，排水孔用阀门关紧。

2. 苗种放养

在放养前，要清整池底，用漂白粉或生石灰清塘消毒，用量分别为3kg/亩和100kg/亩。第3天施基肥并加水至0.5m深，亩施有机肥250kg，采取堆肥方式。10天药效消失后，即可放苗。放养密度为6cm长鳅苗5万尾/亩。投苗时，用2%食盐水消毒2min，温差不超过3℃。

3. 饲养管理

正常日投饵量占体重的2%~4%，投饵次数为每天4次，时间分别为5时30分、9时30分、14时30分和18时。具体投喂量和次数，根据当时的天气、水温等情况适时调整。当秋天水温低于15℃时，改为每天投喂两次。投喂量渐减，当水温降到10℃以下时，停止投喂。投饵方式为全池遍撒。每口池塘搭建数个食台，用于检查吃食情况。一般要使用正规厂家生产的全价颗粒配合饲料，最好是泥鳅专用沉性饲料，其蛋白质含量不低于30%。

泥鳅苗种下塘后，由于其对环境的不适应，到处游动造成水质混浊，从第2天开始加水2~4h，以后连续加水3~4天，并且每天捞取病死泥鳅及杂质等，第3天上午用0.35 mg/L的强氯精全池泼洒，第4天上午用0.5mg/L的聚维酮碘泼洒消毒。换水是日常管理的重要环节，夏季高温时每天加注新水5~10cm，老水从排水口溢出。当水温为20~25℃时，每周换水2次；当水温为15℃时，每周换水1次。

每月全池泼洒两次聚维酮碘和强氯精进行病害预防，用量分别为0.5mg/L和0.3mg/L。另外，每月用1次“驱虫散”（中草药），预防泥鳅感染原生动物疾病。

当秋季水温下降至15℃以下时，要抓紧时间起捕上市或暂养。起捕用底拖网，在泥鳅池中反复拖拉，可起捕一半以上，剩余的用地笼网结合水流刺激进行诱捕，一般3~5天即可起捕完毕，总起捕率达90%以上。

第八章　畜禽生态养殖技术

第一节　猪

一、种猪

（一）种公猪的饲养

（1）根据种公猪营养需要配合全价饲料。配合的饲料应适口性好，粗纤维含量低，体积应小，少而精，防止公猪形成草腹，影响配种。

（2）饲喂要定时定量，每天喂 2 次。饲料宜采用湿拌料、干粉料或颗粒料。

（3）严禁饲喂发霉变质和有毒有害饲料。

（二）种母猪的饲养

1. 空怀母猪的饲养管理

空怀母猪是指从仔猪断奶到再次发情配种的母猪。空怀母猪饲养管理的任务是使空怀母猪具有适度的膘情体况，按期发情，适时配种，受胎率高。空怀母猪的体况膘情，直接影响母猪的再次发情配种。实践证明，母猪过肥或太瘦都会影响母猪的正常发情，空怀母猪七八成膘，母猪能按时发情并且容易配上、产仔多。七八成膘是指母猪外观看不见骨骼轮廓和不会给人肥胖感觉，用拇指稍用力按压母猪背部可触到脊柱。母猪体况太瘦，会使母猪发情推迟或发情微弱，甚至不发情，即使发情也难以配上。母猪膘情过肥，也会使母猪的发情不正常、排卵少、受胎率低、产仔少，所以空怀母猪的饲养应根据母猪的体况膘情来进行。

2. 妊娠母猪的饲养管理

妊娠母猪指从配种后卵子受精到分娩结束的母猪。妊娠母猪饲养管理的任务是使胎儿在母体内得到健康生长发育，防止死胎、流产的发生，获得初生重大，体质健壮，同时使母猪体内为哺乳期贮备一定的营养物质。

（三）哺乳母猪的饲养管理

哺乳母猪是指从母猪分娩到仔猪断奶这一阶段的母猪。哺乳母猪饲养管理的任务是满足母猪的营养需要，提高母猪泌乳力，提高仔猪断奶重。

1. 哺乳母猪的营养需要

正常情况下，母猪在哺乳期内营养处于入不敷出状态，为满足哺乳的需要，母猪会动用在妊娠期贮备的营养物质，将自身体组织转化为母乳，越是高产，带仔越多的母猪，动用的营养贮备就越多。如果此时供给饲粮营养水平偏低，会造成母猪身体透支，严重者会使母猪变得极度消瘦，直接影响母猪下 1 个情期的发情配种，造成损失。所以，哺乳母猪的饲养都采用“高哺乳”的饲养模式，给哺乳母猪高营养水平的饲养，尽最大限度地满足哺乳母猪的营养需要。

2. 饲养技术

（1）哺乳母猪的饲喂量。哺乳母猪经过产后 5~7 天的饲养已恢复到正常状态，此时应给予最大的饲喂量，母猪能吃多少，就喂给多少，保证母猪吃饱吃好，一般带仔 10~12 头，体重 175kg 的哺乳母猪，每天饲喂 5. 5~6. 5kg 的饲粮。

（2）供给品质优良饲料，保持饲料稳定。饲喂哺乳母猪应采用全价配合饲料，饲料多样化搭配，供给的蛋白质应量足质优，最好在配合饲料中使用5%的优质鱼粉，对于棉籽粕、菜籽粕都必须经过脱毒等无害化处理后方可使用。严禁饲喂发霉变质、有毒有害的饲料，以免引起母猪乳质变差造成仔猪下痢或中毒。要保持饲料的稳定，不可突然变换饲料，以免引起应激，引起仔猪下痢。

（3）供给充足饮水。猪乳中含水量在80%左右，保证充足的饮水对母猪泌乳十分重要，供给的饮水应清洁干净，要经常检查自动饮水器的出水量和是否堵塞，保证不会断水。

（4）日喂次数。哺乳母猪一般日喂3次，有条件的加喂1次夜料。

（5）饲喂青绿饲料。青绿饲料营养丰富，水分含量高，是哺乳母猪很好的饲料，有条件的猪场可给哺乳母猪额外喂些青绿饲料，对提高泌乳量很有好处。

（6）哺乳母猪的管理。给哺乳母猪创造一个温暖、干燥、卫生、空气新鲜、安静舒适的环境，有利于哺乳母猪的泌乳。在日常管理中应尽量避免一切会造成母猪应激的因素。保持猪舍的冬暖夏凉，搞好日常卫生，定期消毒。仔细观察母猪的采食、粪便、精神状态，仔猪的吃奶情况，认真检查母猪乳房和恶露排出情况，对患乳房炎、子宫炎及其他疾病的母猪要及时治疗，以免引起仔猪下痢。对产后无乳或乳少的母猪应查明原因，采取相应措施，进行人工催乳。

二、肉猪的生产

（一）实行“全进全出”饲养制度

在规模化猪舍中应安排好生产流程，在肉猪生产采用“全进全出”饲养制度。它是指在同1栋猪舍同时进猪，并在同一时间出栏。猪出栏后空栏1周，进行彻底清洗和消毒。此制度便于猪的管理和切断疾病的传播，保证猪群健康。若规模较小的猪场无法做到同1栋的猪同时出栏，可分成2~3批出栏，待猪出完后，对猪舍进行全面彻底消毒后，方可再次进猪。虽然会造成一些猪栏空置，但对猪的健康却很有益处。

（二）组群与饲养密度

肉猪群饲有利于促进猪的食欲和提高猪的增重，并充分有效利用猪舍面积和生产设备，提高劳动生产率，降低生产成本。猪群组群时应考虑猪的来源、体重、体质等，每群以10头左右为宜，最好采用“原窝同栏饲养”。若猪圈较大，每群以15头左右，不超过20头为宜。每头猪占地面积漏缝地板1.0m^2头，水泥地面1.2m^2/头。

（三）分群与调教

猪群组群后经过争斗，在短时间内会建立起群体位次，若无特殊情况，应保持到出栏。但若中途出现群体内个体体重差异太大，生长发育不均，则应分群。分群按“留弱不留强、拆多不拆少、夜合昼不合”的原则进行。猪群组群或分群后都要耐心做好“采食、睡觉和排泄”三定点的调教工作，保持圈舍的卫生。

（四）去势与驱虫

若生产肉猪，公猪都应去势，以保证肉的品质，而母猪因在出栏前尚未达到性成熟，对肉质和增重影响不大，所以母猪不去势。公猪去势越早越好，小公猪去势一般在生后15天左右进行，现提倡在生后5～7天去势，早去势，仔猪体内母源抗体多，抗感染能力强，同时手术伤口小，出血少，愈合快。寄生虫会严重影响猪的生长发育，据研究，控制了疥螨比未控制疥螨的肥育猪，肥育期平均日增重高50g，达到同等出栏体重少用8～9天时间。在整个生产阶段，应驱虫2～3次，第1次在仔猪断奶后1～2周，第2次在体重50～60kg时期，可选用芬苯达唑、可苯达唑或伊维菌素等高效低毒的驱虫药物。

（五）加强日常管理

1. 仔细观察猪群

观察猪群的目的在于掌握猪群的健康状况，分析饲养管理条件是否适应，做到心中有数。观察猪群主要观察猪的精神状态、食欲、采食情况、粪尿情况和猪的行为。如发现猪精神萎靡不振，或远离猪群躺卧一侧，驱赶时也不愿活动，猪的食欲很差或不食，出现拉稀等不正常现象，应及时报告兽医，查明原因，及时治疗。对患传染病的猪，应及时隔离和治疗，并对猪群采取相应措施。

2. 搞好环境卫生，定期消毒

做好每日两次的卫生清洁工作，尽量避免用水冲洗猪舍，防止污染环境。许多猪场采用漏缝地板和液泡粪技术，与用水冲洗猪舍相比，可减少70%的污水。要定期对猪舍和周围环境进行消毒，每周1次。

（六）创造适宜的生活环境

1. 温度

环境温度对猪的生长和饲料利用率有直接影响。生长育肥猪适宜的温度为18~20℃，在此温度下，能获得最佳生产成绩。高于或低于临界温度，都会使猪的饲料利用率下降，增加生产成本。由于猪汗腺退化，皮下脂肪厚，所以要特别注意高温对猪的危害。据研究，猪在37℃的环境下，不仅不会增重，反而每天减重350g。开放式猪舍在炎热夏季应采取各种措施，做好防暑降温工作；在寒冷冬季应做好防寒保暖，给猪创造一个温暖舒适的环境。

2. 湿度

湿度总是与温度、气流一起对猪产生影响，闷热潮湿的环境使猪体热散发困难，引起猪食欲下降，生长受阻，饲料利用率降低，严重时导致猪中暑，甚至死亡。寒冷潮湿会导致猪体热散发加剧，严重影响饲料利用率和猪的增重，生产中要严防此两种情况发生。适宜的湿度以55%~65%为宜。

3. 保持空气新鲜

在猪舍中，猪的呼吸和排泄的粪、尿及残留饲料的腐败分解，会产生氨、硫化氢、二氧化碳、甲烷等有害气体。这些有害气体如不及时排出，在猪舍内积留，不仅影响猪的生长，还会影响猪的健康。所以保持适当的通风，使猪舍内空气新鲜，是非常必要的。

（七）适时出栏

肉猪养到一定时期后必须出栏。肉猪出栏的适宜时间以获取最佳经济效益为目的，应从猪的体重、生长速度、饲料利用效率和胴体瘦肉率、生猪的市场价格、养猪的生产风险等方面综合考虑。从生物学角度，肉猪在体重达到100~110kg时出栏可获最高效益。体重太小，猪生长较快，但屠宰率和产肉量较少；体重太大，屠宰率和产肉量较高，但猪的生长减缓，胴体瘦肉率和饲料利用率下降。生猪的市场价格对养猪的经济效益有重大影响，当市场价格成向上走势时，猪的体重可稍微养大一些出栏，反之则可提早出栏。当周边养殖场受传染病侵扰时，本场的养殖风险增大，应适当提早出栏。

第二节　牛

一、犊牛

犊牛是指从初生至断奶（6月龄）的幼牛。牛在这一阶段，对不良环境抵抗力低，适应性差，但也是它整个生命活动过程中生长发育最迅速的时期。为提高牛群生产水平和品质，必须加强犊牛饲养管理。

（一）卫生

每次哺乳完毕，用毛巾擦净犊牛口周围残留的乳汁，防止互相乱舔而导致“舔癖”。喂奶用具要清洁卫生，使用后及时清洗干净，定期消毒，犊牛栏要勤打扫，常换垫草，保持干燥；阳光充足，通风良好。

（二）运动

充分运动能提高代谢强度，促进生长。犊牛从5日龄开始每天可在运动场运动15~20min，以后逐渐延长运动时间。1月龄时，每天可运动2次，共为1~1.5h；3月龄以上，每天运动时间不少于4h。

（三）分群

犊牛出生后立刻移到犊牛舍单栏饲养，以便精心护理（栏的大小为1.0~1.2m²），饲养7~10天后转到中栏饲养，每栏4~5头。2月龄以上放入大栏饲养，每栏8~10头。犊牛应在10日龄前去角，以防止相互顶伤。

（四）护理

每天要注意观察犊牛的精神状态、食欲和粪便，若发现有轻微下痢时，应减少喂奶量，可在奶中加水1~2倍稀释后饲喂；下痢严重时，暂停喂奶1~2次，并报请兽医治疗。每天用软毛刷子刷拭牛体1~2次，以保持牛体表清洁，促进血液循环，并使人畜亲和，便于接受调教。

二、育成牛

（一）育成牛的饲养

育成牛是指断奶至第1次产犊前的小母牛或开始配种前的小公牛。育成阶段的母牛，日粮以青、粗饲料为主，补喂适量精饲料，以继续锻炼和提高消化器官的功能。1岁前的幼牛，干草和多汁料占日粮有效能的65%～75%，精料占25%～35%。1岁以后的牛，干草和多汁料应占86%～90%，精料占10%～15%。粗料品质较差时，可适当提高精料比例。冬季干草的利用每100kg体重为2.2～2.5kg。其中的半数可用青贮料或块根类或叶茎多汁料代替，以每千克干草相当于3～4kg青贮料、5kg的块根类饲料或8～9kg的叶菜类饲料计算，并根据精料品质和牛的月龄、体质，每日补充1.0～1.5kg精料。第1次分娩前3～4个月应酌情将精料增至2～3kg，以满足胎儿发育和母体贮蓄营养的需要。但也要防止母牛孕期过肥，以免难产。

（二）育成牛的管理

犊牛满6月龄转入育成牛舍（或称青年牛舍），应根据大小分群，专人饲养，每人可饲养育成牛30头左右。应定期测量育成牛体尺、体重，以检查生长发育情况。

育成牛要有充足的运动，以锻炼其肌肉和内脏器官，促进血液循环，加强新陈代谢，增强机体对环境的适应能力。

刷拭有利于皮肤卫生，每天应刷拭1～2次。

育成牛一般在16～18月龄、体重375～400kg时配种。受胎后5～6个月开始按摩乳房，以促进乳腺组织发育并为产犊后接受挤奶打下基础。每天按摩1次，每次3～5min，至产前半个月停止按摩。

育成牛要训练拴系、定槽、认位，以利于日后挤奶管理。要防止牛只互相吸吮乳头，发现有这种恶习的牛应及时淘汰。

三、乳用牛

泌乳母牛的管理

1. 产前产后护理

母牛临产前7天左右要对产房进行消毒，铺上新鲜垫草。

再将牛体进行消毒，先把牛尾用绳系吊于脖上，再用1%的来苏儿水或0.1%的高锰酸钾水消毒后躯，刷拭干净后入产房。母牛分娩时，要注意做好四件事。

(1) 揩掉犊牛口中黏液，揩干身体。

(2) 断脐带，留10cm，消毒后用纱布包上结扎。

(3) 当胎衣掉出后不要撞断，任其自行脱出。

(4) 给母牛饮清洁温水。

2. 运动、刷拭和护蹄

乳牛除了每天坚持2~3h的户外驱赶运动外，还应在每次挤奶喂饲后，在运动场上逍遥活动，以增强体质。乳牛还应坚持每天刷拭1~2次，一般在挤奶前进行，刷拭顺序是由前到后，由一侧到另一侧，先逆毛后顺毛刷，夏天水刷为主，冬天干刷为主，以保持皮肤清洁，促进新陈代谢，改善血液循环。当乳牛出现畸形蹄时，会妨碍运动，降低产奶量，缩短利用年限，因此要加强护蹄，即随时清除污物，保持蹄壁蹄叉洁净。为防止蹄壁破裂，可常涂凡士林油；蹄尖过长应及时削去，一般每年春秋各一次，以及时矫正变形蹄。

四、肉牛的生产

随着消费水平的提高，人们对牛肉和优质牛肉的需求急剧增加，育肥高档肉牛，生产牛肉，具有十分显著的经济效益和广阔的发展前景。为到达高的牛肉量、高屠宰率，在肉牛的育肥饲养管理技术上有着严格的要求。

五、分群饲养

按育肥牛的品种、年龄、体况、体重进行分群饲养，自由活动，禁止拴系饲养。

六、充足给水、适当运动

肉牛每天需要大量饮水，保证其洁净的饮用水，有条件的牛场应设置自动饮水装置。如由人工喂水，饲养人员必须每天按时供给充足的清洁饮水。特别在炎热的夏季，供给充足的清洁饮水是非常重要的。同时，应适当给予运动，运动可增进食欲，增强体质，有效降低前胃疾病的发生。沐浴阳光，有利育肥牛的生长发育，有效减少佝偻病发生。

七、刷拭、按摩

在育肥的中后期，每天对育肥牛用毛刷、手对其全身进行刷拭或按摩2次，来促进体表毛细血管血液的流通量，有利于脂肪在体表肌肉内均匀分布，在一定程度上能提高牛肉的产量，这在牛肉生产中尤为重要，也是最容易被忽视的细节。

第三节　羊

一、幼羊

（一）羔羊的培育

羔羊的哺乳期一般为4个月，在这期间应加强管理，精心饲养，提高羔羊的成活率。

1. 母子群的护理

对羔羊采取小圈、中圈和大圈进行管理，是培育好羔羊的有效措施。母子在小圈（产圈）中生活1~3天，便于观察母羊和羔羊的健康状况，发现有异常立即处理。接着转入中圈生活3周，每个中圈可养带羔母羊由15只渐增至30只。3周后即可入大圈饲养，每个大圈饲养的带羔母羊数随牧地的地形和牧草状况而有所不同，草原较多，可达 100～150 只，而丘陵和山地较少，为 20～30 只。

2. 母子群的放牧和补饲

羔羊生后 5～7 天起，可在运动场上自由活动，母羊在近处放牧，白天哺乳 2～3 次，夜间母子同圈，充分哺乳。3 周龄后可在近处母子同牧，也可将母羊和羔羊分群放牧，中午哺乳 1 次，晚上母子同圈，充分哺乳。

羔羊 10 日龄开始补喂优质干草，并逐渐增加喂量，以锻炼其消化器官，提高消化机能。同时，在哺乳前期亦应加强母羊的补饲，以提高其泌乳量，使羔羊获得充足的营养，有利于生长发育。

3. 断乳

羔羊一般在 4 月龄断乳。羔羊断乳的方法有一次性断乳和逐渐断乳两种。后者虽较麻烦，但能防止得乳房炎。断乳时，把母羊抽走，羔羊留原圈饲养，待羔羊习惯后再按性别、强弱分群。断乳后母羊圈与羔羊圈以及它们的放牧地，都尽可能相隔远一些，使母羊和羔羊能尽快安静，恢复正常生活。

（二）育成羊

育成羊是指从断乳到第一次配种前的羊（即 5～18 月龄的羊）。羔羊断奶后正处在迅速生长发育阶段，此时若饲养不精心，就会导致羊只生长发育受阻，体型窄浅，体重小，剪毛量低等缺陷。因此，对育成羊要加强饲养管理。断乳初期要选择草长势较好的牧地放牧并坚持补饲；夏季注意防暑、防潮湿；秋季抓好秋膘；冬春季节抓好放牧和补饲。入冬前备足草料，育成羊除放牧外每只每日补料 0. 2～0. 3kg，留作种用的育成羊，每只每日补饲混合精料 1. 5kg。为了掌握羊的生长发育情况，对羊群要随机抽样，进行定期称重（每月 1 次），清晨空腹进行。

二、肉羊

1. 驱虫

要想肉羊的育肥速度快，首先要保障肉羊正常的生长条件，所以要对肉羊进行驱虫，因羊的体内外寄生虫很普遍，会严重影响山羊的正常生长。

2. 去势

用于育肥的公羊未去势的一定要去势，因为去势后的公羊性情温驯、肉质好、增重速度快。

3. 去角修蹄

因为角羊喜欢打架，影响采食，所以要去角，方法是用钢锯在角的基部锯掉，并用碘酒消毒，撒上消炎粉。修蹄一般在雨后，先用果树剪将生长过长的蹄尖剪掉，然后用锋利的刀将蹄底的边缘修整到和蹄底一样平整。

4. 定时称重，做好记录

即对育肥羊进行育肥前后的称重，以评价育肥效果，从而总结出经验，这样能更加快速的找到好的育肥方法。

5. 掌握饲养管理原则

要想提高肉羊的育肥速度，必须给予一定的高能饲料。适当的精粗比例，不仅可以提供能量，满足蛋白质的需要，还可以维持瘤胃的正常活动，保证羊的健康状况。一般建议精饲料以占日粮的1/3比较合适。

6. 饲喂量和饲喂方法

羊的饲喂量要根据其采食量来定，吃多少喂多少。羊的采食量越大，其日增重越高。一般羊对干草的日采食量为2～2.5kg，对新鲜青草为3～4kg，精料为0.3～0.4kg。所以饲喂的时候一定要注意用量，饲喂方法是先喂精料，然后喂干草或粗料，最后饮水。同时，需在精料、青贮料或粗料上洒些盐水，草料则随时添加，以保持羊的旺盛食欲，提高其采食量。

7. 日常管理方法

这主要是为了尽量减少羊的运动，降低消耗，使羊吸收的营养物质全部用来增重。在秋季育肥中，中午可把羊放出来晒晒太阳或在近处进行短时间的放牧。

第四节　鸡

一、蛋鸡

（一）雏鸡的饲养管理

育雏是一项细致的工作，要养好雏鸡应做到眼勤、手勤、腿勤、科学思考。

（1）观察鸡群状况。要养好雏鸡，学会善于观察鸡群至关重要，通过观察雏鸡的采食、饮水、运动、睡眠及粪便等情况，及时了解饲料搭配是否合理，雏鸡健康状况如何，温度是否适宜等。

观察采食、饮水情况主要在早晚进行，健康鸡食欲旺盛，晚上检查时嗉囊饱满，早晨喂料前嗉囊空，饮水量正常。如果发现雏鸡食欲下降，剩料较多，饮水量增加，则可能是舍内温度过高，要及时调温，如无其他原因，应考虑是否患病。

观察粪便要在早晨进行。若粪便稀，可能是饮水过多、消化不良或受凉所致，应检查舍内温度和饲料状况；若排出红色或带肉质黏膜的粪便，是球虫病的症状；如排出白色稀粪，且黏于泄殖腔周围，一般是白痢。

（2）定期称重。为了掌握雏鸡的发育情况，应定期随机抽测 5%左右的雏鸡体重与本品种标准体重比较，如果有明显差别时，应及时修订饲养管理措施。

（3）适时断喙。断喙器的工作温度按鸡的大小、喙的坚硬程度调整，7~10日龄的雏鸡，刀片温度达到700℃较适宜，这时，可见刀片中间部分发出樱桃红色，这样的温度可及时止血，不致破坏喙组织。

断喙时，左手握住雏鸡，右手拇指与食指压住鸡头，将喙插入刀孔，切去上喙1/2，下喙1/3，做到上短下长，切后在刀片上灼烙2~3s，以利止血。

断喙时雏鸡的应激较大，所以，在断喙前，要检查鸡群健康状况，健康状况不佳或有其他反常情况，均不宜断喙。此外，在断喙前可加喂维生素K。断喙后要细致管理，增加喂料量，不能使槽中饲料见底。

（4）密度的调整。密度即单位面积能容纳的雏鸡数量。密度过大，鸡群采食时相互挤压，采食不均匀，雏鸡的大小也不均匀，生长发育受到影响；密度过小，设备及空间的利用率低，生产成本高。所以，饲养密度必须适宜。

（5）及时分群。通过称重可以了解平均体重和鸡群的整齐度情况。鸡群的整齐度用均匀度表示。即用进入平均体重±10%范围内的鸡数占总测鸡数的百分比来表示。均匀度大于80%，则认为整齐度好，若小于70%则认为整齐度差。为了提高鸡群的整齐度，应按体重大小分群饲养。可结合断喙、疫苗接种及转群进行，分群时，将过小或过重的鸡挑出单独饲养，使体重小的尽快赶上中等体重的鸡，体重过大的，通过限制饲养，使体重降到标准体重。这样就可提高鸡群的整齐度。逐个称重分群，费时费力，可根据雏鸡羽毛生长情况来判断体重大小，进行分群。

（二）育成鸡

育成鸡一般是指7~18周龄的鸡。育成期的培育目标是鸡的体重体型符合本品种或品系的要求；群体整齐，均匀度在80%

以上；性成熟一致，符合正常的生长曲线；良好的健康状况，适时开产，在产蛋期发挥其遗传因素所赋予的生产性能，育成率应达 94%~96%。

（三）产蛋鸡的饲养管理

产蛋鸡一般是指 19~72 周龄的鸡。产蛋阶段的饲养任务是最大限度地消除、减少各种应激对蛋鸡的有害影响，为产蛋鸡提供最有益于健康和产蛋的环境，使鸡群充分发挥生产性能，从而达到最佳的经济效益。

二、肉鸡

（一）肉仔鸡的饲养管理

1. 重视后期育肥

肉仔鸡生长后期脂肪的沉积能力增强，因此应在饲料中增加能量含量，最好在饲料中添加 3%~5%的脂肪。在管理上保持安静的生活环境、较暗的光线条件，尽量限制鸡群活动，注意降低饲养密度，保持地面清洁干燥。

2. 添喂沙砾

1~14 天，每 100 只鸡喂给 100g 细沙砾。以后每周 100 只鸡喂给 400g 粗沙砾，或在鸡舍内均匀放置几个沙砾盆，供鸡自由采用，沙砾要求干净、无污染。

3. 适时出栏

肉用仔鸡的特点是，早期生长速度快、饲料利用率高，特别是 6 周龄前更为显著。因此要随时根据市场行情进行成本核算，在有利可盈的情况下，提倡提早出售。目前，我国饲养的肉仔鸡一般在 6 周龄左右，公母混养体重达 2kg 以上，即可出栏。

4. 加强疫病防治

肉鸡生长周期短，饲养密度大，任何疾病一旦发生，都会造成严重损失。因此要制定严格的卫生防疫措施，搞好预防。

（二）肉种鸡的饲养管理

现代肉鸡育种以提高肉用性能为中心，以提高增重速度为重点，育成的肉用鸡种体型大，肌肉发达，采食量大，饲养过程中易发生过肥或超重，使正常的生殖机能受到抑制，表现为产蛋减少、腿病增多、种蛋受精率降低，使肉种鸡自身的特点和肉种鸡饲养者所追求的目的不一致。解决肉种鸡产肉性能与产蛋任务的矛盾，重点是保持其生长和产蛋期的适宜体重，防止体重过大或过肥。所以，发挥限制饲养技术的调控作用，就成为饲养肉种鸡的关键。

第五节 鸭

一、雏鸭的饲养管理

0~4 周龄的鸭称为雏鸭。雏鸭绒毛稀短，体温调节能力差；体质弱，适应周围环境能力差；生长发育快，消化能力差；抗病力差，易得病死亡。雏鸭饲养管理的好坏不仅关系雏鸭的生长发育和成活率，还会影响鸭场内鸭群的更新和发展、鸭群以后的产蛋率和健康状况。

二、育成鸭的饲养管理

育成鸭一般指 5 ~ 16 周龄的青年鸭。育成鸭饲养管理的好坏，直接影响产蛋鸭的生产性能和种鸭的种用价值。育成鸭具有生长发育快、羽毛生长速度快、器官发育快、适应性强等特点。育成阶段要特别注意控制生长速度和群体均匀度、体重和开产日龄，使蛋鸭适时达到性成熟，在理想的开产日龄开产，迅速达到产蛋高峰，充分发挥其生产潜力。

育成鸭的整个饲养过程均在鸭舍内进行，称为圈养或关养。

圈养鸭不受季节、气候、环境和饲料的影响，能够降低传染病的发病率，还可提高劳动效率。

三、肉鸭的饲养管理

肉鸭分大型肉鸭和中型肉鸭两类。大型肉鸭又称快大鸭或肉用仔鸭，一般养到50天，体重可达3.0kg左右，中型肉鸭一般饲养65~70天，体重达1.7~2.0kg。

肉用仔鸭从4周龄到上市这个阶段称为生长育肥期。根据肉用仔鸭的生长发育特点，进行科学的饲养管理，使其在短期内迅速生长，达到上市要求。

第六节 鹅

一、雏鹅的饲养管理

0~4周龄的幼鹅称为雏鹅。该阶段雏鹅体温调节机能差，消化道容积小，消化吸收能力差，抗病能力差等，此期间饲养管理的重点是培育出生长速度快、体质健壮、成活率高的雏鹅。

（一）及时分群

雏鹅刚开始饲养，一般每群300~400只。分群时按个体大小、体质强弱来进行。第1次分群在10日龄时进行，每群150~180只；第2次分群在20日龄时进行，每群80~100只；育雏结束时，按公母分栏饲养。在日常管理中，发现残、瘫、过小、瘦弱、食欲不振、行动迟缓者，应早作隔离饲养、治疗或淘汰。

（二）适时放牧

放牧日龄应根据季节、气候特点而定。夏季，出壳后5~6天即可放牧；冬春季节，要推迟到15~20天后放牧。刚开始放牧应选择无风晴天的中午，把鹅赶到棚舍附近的草地上进行，时间为20~30min。以后放牧时间由短到长，牧地由近到远。每天上下午各放牧1次，中午赶回舍中休息。上午放牧要等到露水干后进行，以8—10时为好；下午要避开烈日暴晒，在15—17时进行。

（三）做好疫病预防工作

雏鹅应隔离饲养，不能与成年鹅和外来人员接触。定期对雏鹅、鹅舍进行消毒。购进的雏鹅，首先要确定种鹅有无用小鹅瘟疫苗免疫，如果种鹅未接种，雏鹅在3日龄皮下注射10倍稀释的小鹅瘟疫苗0.2ml，1~2周后再接种1次；也可不接种疫苗，对刚出壳的雏鹤注射高免血清0.5ml或高免蛋黄1ml。

二、肉用仔鹅的饲养管理

饲养90日龄作为商品肉鹅出售的称为肉用仔鹅。

育肥期：玉米20%、鱼粉4%、麸（糠）皮74%、生长素1%、贝壳粉0.5%、多种维生素0.5%，然后按精料与青料2：8的比例混合制成半干湿饲料饲喂。

凡健康、食欲旺盛的鹅表现动作敏捷抢着吃，不择食，一边采食一边摆脖子往下咽，食管迅速增粗，嘴呷不停地往下点；凡食欲不振者，采食时抬头，东张西望，嘴呷含着料不下咽，头不停地甩动，或动作迟钝，呆立不动，此状况出现可能是有病，要挑出隔离饲养。

主要参考文献

李向东 . 2018. 农业科技助力生态循环农业 [M]. 北京：现代出版社 .

吕慧捷，王芹，周鸿淼 . 2018. 生态循环农业理论与实践应用 [M]. 长春：东北师范大学出版社 .